机械自动化技术

黄小良　冯　丽　平艳玲◎著

吉林科学技术出版社

图书在版编目（CIP）数据

机械自动化技术 / 黄小良，冯丽，平艳玲著. -- 长春 ：吉林科学技术出版社，2022.9

ISBN 978-7-5578-9658-4

Ⅰ．①机… Ⅱ．①黄… ②冯… ③平… Ⅲ．①机械制造—自动化技术—研究 Ⅳ．①TH164

中国版本图书馆CIP数据核字(2022)第181122号

机械自动化技术
JIXIE ZIDONGHUA JISHU

作　　者	黄小良 冯 丽 平艳玲
出 版 人	宛 霞
责任编辑	王凌宇
封面设计	白白古拉其
幅面尺寸	185mm×260mm
开　　本	16
字　　数	260 千字
印　　张	11.5
版　　次	2023 年 5 月第 1 版
印　　次	2023 年 5 月第 1 次印刷

出　　版	吉林科学技术出版社
发　　行	吉林科学技术出版社
地　　址	长春市净月区福祉大路 5788 号
邮　　编	130118
发行部电话/传真	0431-81629529　81629530　81629531
	81629532　81629533　81629534
储运部电话	0431-86059116
编辑部电话	0431-81629518
印　　刷	北京四海锦诚印刷技术有限公司

书　　号	ISBN 978-7-5578-9658-4
定　　价	70.00 元

前　言

　　机械制造是一个集材料、设备、工具、技术、信息、人力资源、资金等于一体，通过制造系统转变为可供人类使用的产品的过程。机械制造业的先进与否标志着一个国家的经济发展水平。在众多国家尤其是发达国家，机械制造业在国民经济中占有十分重要的地位。随着科技日益进步和社会信息化不断发展，全球性的竞争和世界经济的发展趋势使得机械制造产品的生产、销售、成本、服务面临着更多外部环境因素的影响，传统的制造技术、工艺、方法和材料已经不能适应当今社会的发展需要。计算机技术、信息技术、自动化技术与传统的制造技术相结合形成了现代化机械制造业，企业的生产经营方式发生了重大变革。

　　制造自动化是人类在长期的生产活动中不断追求的主要目标之一。近几十年来，随着科学技术的不断进步，尤其是制造技术、计算机技术、控制技术、信息技术和管理技术的发展，制造自动化技术的内容也不断丰富和完善，它不仅包括传统意义上的加工过程自动化，还包括对制造全过程的运行规划、管理、控制与协调优化等的自动化。

　　基于此，本书首先讲述了机械制造自动化的基础知识、内容与意义以及途径与构成，其次探讨了自动化控制方法与技术，然后针对加工设备自动化、物料供输自动化、加工刀具自动化、检测过程自动化、装配过程自动化与自动化制造的控制系统，通过言简意赅的语言、丰富全面的知识点以及清晰系统的结构，进行了全面且深入的分析与研究，是一本为从事机械自动化技术专业的工作者以及研究者量身定做的教育研究参考用书。

　　在本书的编写过程中，参阅、借鉴和引用了国内外许多同行的观点和成果。各位同人的研究奠定了本书的学术基础，对机械自动化技术的研究提供了理论基础，在此一并感谢。另外，受水平和时间所限，书中难免有疏漏和不当之处，敬请读者批评指正。

前　言

目　录

第一章　机械制造自动化综述

第一节　机械自动化的基本概念

一、机械化与自动化

人在生产中的劳动，包括基本的体力劳动、辅助的体力劳动和脑力劳动三个部分。基本的体力劳动是指直接改变生产对象的形态、性能、位置等方面的体力劳动。辅助的体力劳动是指完成基本体力劳动所必须做的其他辅助性工作，如检验、装夹工件、操纵机器的手柄等体力劳动。脑力劳动是指决定加工方法、工作顺序、判断加工是否符合图纸技术要求、选择切削用量以及设计和技术管理工作等。

由机械及其驱动装置来完成人用双手和体力所担任的繁重的基本劳动的过程，称为机械化。例如：自动走刀代替手动走刀，称为走刀机械化；车子运输代替肩挑背扛，称为运输机械化。由人和机器构成的有机集合体就是一个机械化生产的人机系统。

人的基本劳动由机器代替的同时，人对机器的操纵、工件的装卸和检验等辅助劳动也被机器代替，并由自动控制系统或计算机代替人的部分脑力劳动的过程，称为自动化。人的基本劳动实现机械化的同时，辅助劳动也实现了机械化，再加上自动控制系统所构成的有机集合体，就是一个自动化生产系统。只有实现自动化，人才能够不受机器的束缚，而机器的生产速度和产品质量的提高也不受工人精力、体力的限制。因此，自动化生产是人类的理想方式，是生产率不断提高的有效途径。

在一个工序中，如果所有的基本动作都机械化了，并且使若干个辅助动作也自动化起来，工人所要做的工作只是对这一工序做总的操纵与监督，就称为工序自动化。

一个工艺过程（如加工工艺过程）通常包括若干个工序，如果每一个工序都实现了工序自动化，并且把若干个工序有机地联系起来，则整个工艺过程（包括加工、工序间的检测和输送）都自动进行，而操作者仅对这一整个工艺过程做总的操纵和监控，这样就形成了某一种加工工艺的自动生产线，这一过程通常称为工艺过程自动化。

一个零部件（或产品）的制造包括若干个工艺过程，如果每个工艺过程不仅都自动化了，而且它们之间是自动地、有机地联系在一起，也就是说从原材料到最终产品的全过程都不需要人工干预，这就形成了制造过程自动化。机械制造自动化的高级阶段就是自动化车间，甚至是自动化工厂。

二、制造与制造系统

制造是人类所有经济活动的基石，是人类历史发展和文明进步的动力。制造是人类按照市场需求，运用主观掌握的知识和技能，借助于手工或利用客观物质工具，采用有效的工艺方法和必要的能源，将原材料转化为最终物质产品并投放市场的全过程。制造也可以理解为制造企业的生产活动，即制造也是一个输入/输出系统，其输入的是生产要素，输出的是具有使用价值的产品。制造的概念有广义和狭义之分，狭义的制造是指生产车间与物流有关的加工和装配过程，相应的系统称为狭义制造系统；广义的制造则包括市场分析、经营决策、工程设计、加工装配、质量控制、生产过程管理、销售运输、售后服务直至产品报废处理等整个产品生命周期内一系列相关联的生产活动，相应的制造系统称为广义制造系统。在当今的信息时代，广义制造的概念已被越来越多的人接受。

制造是涉及制造工业中产品设计、物料选择、生产计划、生产过程、质量保证、经营管理、市场销售和服务的一系列相关活动工作的总称。

三、自动化制造系统

广义地讲，自动化制造系统是由一定范围的加工对象、一定的制造柔性和一定的自动化水平的各种设备和高素质的人组成的一个有机整体，它接受外部信息、能源、资金、配套件和原材料等作为输入，在人和计算机控制系统的共同作用下，实现一定程度的柔性自动化制造，最后输出产品、文档资料和废料等。

可以看出，自动化制造系统具有五个典型组成部分。

（一）具有一定技术水平和决策能力的人

现代自动化制造系统是充分发挥人的作用、人机一体化的柔性自动化制造系统，因此，系统的良好运行离不开人的参与。对于自动化程度较高的制造系统，如柔性制造系统，人的作用主要体现在对物料的准备和对信息流的监视和控制上，而且还体现在要更多地参与物流过程。总之，自动化制造系统对人的要求不是降低了，而是提高了，它需要具有一定技术水平和决策能力的人参与。目前流行的小组化工作方式不仅要求"全能"的操作者，还要求他们之间有良好合作精神。

（二）一定范围的加工对象

现代自动化制造系统能在一定的范围内适应加工对象的变化，变化范围一般是在系统设计时就设定了的。现代自动化制造系统加工对象一般是基于成组技术原理划分的。

（三）信息流及其控制系统

自动化制造系统的信息流控制着物流过程，也控制产品的制造质量。系统的自动化程度、柔性程度以及与其他系统的集成程度都与信息流控制系统密切相关，应特别注意提高它的控制水平。

（四）能量流及其控制系统

能量流为物流过程提供能量，以维持系统的运行。在供给系统的能量中，一部分能量用来维持系统运行，做了有用功；另一部分能量则以摩擦和传送过程的损耗等形式消耗掉，并对系统产生各种有害效果。在制造系统设计过程中，要格外注意能量流系统的设计，以优化利用能源。

（五）物料流及物料处理系统

物料流及物料处理系统是自动化制造系统的主要运作形式，该系统在人的帮助下或自动地将原材料转化成最终产品。一般来讲，物料流及物料处理系统包括各种自动化或非自动化的物料储运设备、工具储运设备、加工设备、检测设备、清洗设备、热处理设备、装配设备、控制装置和其他辅助设备等。各种物流设备的选择、布局及设计是自动化制造系统规划的重要内容。

第二节　机械制造自动化的内容和意义

一、制造自动化的内涵

制造自动化就是在广义制造过程的所有环节采用自动化技术，实现制造全过程的自动化。

制造自动化的概念是一个动态发展过程。在"狭义制造"概念下，制造自动化的含义是生产车间内产品的机械加工和装配检验过程的自动化，包括切削加工自动化、工件装卸自动化、工件储运自动化、零件及产品清洗及检验自动化、断屑与排屑自动化、装配自动化、机器故障诊断自动化等。而在"广义制造"概念下，制造自动化则包含了产品设计自动化、企业管理自动化、加工过程自动化和质量控制自动化等产品制造全过程以及各个环节综合集成自动化，以便实现产品制造过程高效、优质、低耗、及时和洁净的目标。

制造自动化促使制造业逐渐由劳动密集型产业向技术密集型和知识密集型产业转变。制造自动化技术是制造业发展的重要标志，代表着先进的制造技术水平，也体现了一个国家较高的科技水平。

二、机械制造自动化的主要内容

如前文所述，机械制造自动化包括狭义的机械制造过程和广义的机械制造过程，本书主要讲述的是机械加工过程以及与此关系紧密的物料储运、质量控制、装配等过程的狭义制造过程。因此，机械制造过程中主要有以下自动化技术。

（一）机械加工自动化技术

机械加工自动化技术包括上下料自动化技术、装卡自动化技术、换刀自动化技术和零件检测自动化技术等。

（二）物料储运过程自动化技术

物料储运过程自动化技术包含工件储运自动化技术、刀具储运自动化技术和其他物料储运自动化技术等。

（三）装配自动化技术

装配自动化技术包含零部件供应自动化技术和装配过程自动化技术等。

（四）质量控制自动化技术

质量控制自动化技术包含零件检测自动化技术、产品检测自动化和刀具检测自动化技术等。

三、机械制造自动化的意义

（一）提高生产率

制造系统的生产率表示在一定的时间范围内系统生产总量的大小，而系统生产总量是与单位产品制造所花费的时间密切相关的。采用自动化技术后，不仅可以缩短直接的加工制造时间，更可以大幅度缩短产品制造过程中的各种辅助时间，从而使生产率得以提高。

（二）缩短生产周期

现代制造系统所面对的产品特点是：品种不断增多，而批量却在不断减小。据统计，在机械制造企业中，单件、小批量生产占85%左右，而大批量生产仅占15%左右。单件、小批量生产占主导地位的现象目前还在继续发展，因此可以说，传统意义上的大批量生产正在向多品种、小批量生产模式转换。据统计，在多品种、小批量生产中，被加工零件在车间的总时间的 95% 被用于搬运、存放和等待加工中，在机床上的加工时间仅占 5%。而在这 5% 的时间中，仅有 1.5% 的时间用于切削加工，其余 3.5% 的时间又消耗于定位、装夹和测量的辅助动作上。采用自动化技术的主要效益在于可以有效缩短零件 98.5% 的无效时间，从而有效缩短生产周期。

（三）提高产品质量

在自动化制造系统中，由于广泛采用各种高精度的加工设备和自动检测设备，减少了工人因情绪波动给产品质量带来的不利影响，因而可以有效提高产品的质量和质量的一致性。

（四）提高经济效益

采用自动化制造技术，可以减少生产面积，减少直接生产工人的数量，减少废品率，因而就减少了对系统的投入。由于提高了劳动生产率，系统的产出得以增加。投入和产出之比的变化表明，采用自动化制造系统可以有效提高经济效益。

（五）降低劳动强度

采用自动化技术后，机器可以完成绝大部分笨重、艰苦、烦琐甚至对人体有害的工作，从而降低工人的劳动强度。

（六）有利于产品更新

现代柔性自动化制造技术使得变更制造对象非常容易，适应的范围也较宽，十分有利于产品的更新，因而特别适合于多品种、小批量生产。

（七）提高劳动者的素质

现代柔性自动化制造技术要求操作者具有较高的业务素质和严谨的工作态度，无形中就提高了劳动者的素质。特别是采用小组化工作方式的制造系统中，对人的素质要求更高。

（八）带动相关技术的发展

实现制造自动化可以带动自动检测技术、自动化控制技术、产品设计与制造技术、系统工程技术等相关技术的发展。

（九）体现一个国家的科技水平

自动化技术的发展与国家的整体科技水平有很大的关系。总之，采用自动化制造技术可以大大提高企业的市场竞争能力。

第三节 机械自动化的途径与构成

一、机械制造自动化的途径

产品对象（包括产品的结构、材质、重量、性能、质量等）决定着自动装置和自动化方案的内容；生产纲领的大小影响着自动化方案的完善程度、性能和效果；产品零件决定着自动化的复杂程度；设备投资和人员构成决定着自动化的水平。因此，要根据不同情况，采用不同的加工方法。

（一）单件、小批量生产机械化及自动化的途径

据统计，在机械产品的数量中，单件生产占30%，小批量生产占50%。因此，解决单件、小批量生产的自动化有很大的意义。而在单件、小批量生产中，往往辅助工时所占的比例较大，而仅从采用先进的工艺方法来缩短加工时间并不能有效地提高生产率。在这种情况下，只有使机械加工循环中各个单元动作及循环外的辅助工作实现机械化、自动化，来同时减少加工时间和辅助时间，才能达到有效提高生产率的目的。因此，采用简易自动化使局部工步、工序自动化，是实现单件、小批量生产自动化的有效途径。

具体方法如下：①采用机械化、自动化装置，来实现零件的装卸、定位、夹紧机械化和自动化；②实现工作地点的小型机械化和自动化，如采用自动辊道、运输机械、电动及气动工具等装置来减少辅助时间，同时也可降低劳动强度；③改装或设计通用的自动机床，实现操作自动化，来完成零件加工的个别单元的动作或整个加工循环的自动化，以便提高劳动生产率和改善劳动条件。

对改装或设计的通用自动化机床，必须满足使用经济、调整方便省时、改装方便迅速以及自动化装置能保持机床万能性能等基本要求。

（二）中等批量生产的自动化途径

成批和中等批量生产的批量虽比较大，但产品品种并不单一。随着社会上对品种更新的需求，要求成批和中等批量生产的自动化系统仍应具备一定的可变性，以适应产品和工艺的变换。从各国发展情况看，有以下趋势。

1. 建立可变自动化生产线，在成组技术基础上实现"成批流水作业生产"

应用PLC或计算机控制的数控机床和可控主轴箱、可换刀库的组合机床，建立可变的自动线。在这种可变的自动生产线上，可以加工和装夹几种零件，既保持了自动化生产线的高生产率特点，又扩大了其工艺适应性。

对可变自动化生产线的要求如下：①所加工的同批零件具有结构上的相似性。②设置"随行夹具"，解决同一机床上能装夹不同结构工件的自动化问题。这时，每一夹具的定位、夹紧是根据工件设计的。而各种夹具在机床上的连接则有相同的统一基面和固定方法。加工时，夹具连同工件一块移动，直到加工完毕，再退回原位。③自动线上各台机床具有相应的自动换刀库，可以使加工中的换刀和调整实现自动化。④对于生产批量大的自动化生产线，要求所设计的高生产率自动化设备对同类型零件具有一定的工艺适应性，以便在产品变更时能够迅速调整。

2. 采用具有一定通用性的标准化的数控设备

对于单个的加工工序，力求设计时采用机床及刀具能迅速重调整的数控机床及加工中心。设计制造各种可以组合的模块化典型部件，采用可调的组合机床及可调的环形自动线。

对于箱体类零件的平面及孔加工工序，则可设计或采用具有自动换刀的数控机床或可自动更换主轴箱，并带自动换刀库、自动夹具库和工件库的数控机床。这些机床都能够迅速改变加工工序内容，既可单独使用，又便于组成自动线。在设计、制造和使用各种自动的多能机床时，应该在机床上装设各种可调的自动装料、自动卸料装置、机械手和存储、传送系统，并应逐步采用计算机来控制，以便实现机床的调整"快速化"和自动化，尽量减少重调整时间。

（三）大批量生产的自动化途径

目前，实现大批量生产的自动化已经比较成熟，主要有以下几种途径。

1. 广泛地建立适于大批量生产的自动线

国内外的自动化生产线生产经验表明：自动化生产线具有很高的生产率和良好的技术经济效果。目前，大量生产的工厂已普遍采用了组合机床自动线和专用机床自动线。

2. 建立自动化工厂或自动化车间

大批量生产的产品品种单一、结构稳定、产量很大、具有连续流水作业和综合机械化的良好条件。因此，在自动化的基础上按先进的工艺方案建立综合自动化车间和全盘自动化工厂，是大批量生产的发展方向，目前正向着集成化的机械制造自动化系统的方向发展。整个系统是建立在系统工程学的基础上，应用电子计算机、机器人及综合自动化生产线所建成的大型自动化制造系统，能够实现从原材料投入经过热加工、机械加工、装配、检验到包装的物流自动化，而且也实现了生产的经营管理、技术管理等信息流的自动化和能量流的自动化。因此，常把这种大型的自动化制造系统称为全盘自动化系统。但是全盘自动化系统还须进一步解决许多复杂的工艺问题、管理问题和自动化的技术问题。除了在理论上需要继续加以研究外，还需要建立典型的自动化车间、自动化工厂来深入进行实验，从中探索全盘自动化生产和规律，使之不断完善。

3.建立"可变的短自动线"及"复合加工"单元

采用可调的短自动线——只包含2～4个工序的一小串加工机床建立的自动线，短小灵活，有利于解决大批量生产的自动化生产线应具有一定的可变性的问题。

4.改装和更新现有老式设备，提高它们的自动化程度

把大批量生产中现有的老式设备改装或更新成专用的高效自动机床，最低限度也应该是半自动机床。进行改装的方法是：安装各种机械的、电气的、液压的或气动的自动循环刀架，如程序控制刀架、转塔刀架和多刀刀架；安装各种机械化、自动化的工作台，如各种各样的机械式、气动、液压或电动的自动工作台模块；安装各种自动送料、自动夹紧、自动换刀的刀库，自动检验，自动调节加工参数的装置，自动输送装置和工业机器人等自动化的装置，来提高大量生产中各种旧有设备的自动化程度。沿着这样的途径也能有效地提高生产率，为实现工艺过程自动化创造条件。

二、机械制造自动化的构成

（一）机械制造自动化系统的构成

从系统的观点来看，一般的机械制造自动化系统主要由以下四个部分构成。

1.加工系统
加工系统即能完成工件的切削加工、排屑、清洗和测量的自动化设备与装置。

2.工件支撑系统
工件支撑系统即能完成工件输送、搬运以及存储功能的工件供给装置。

3.刀具支撑系统
刀具支撑系统即包括刀具的装配、输送、交换和存储装置以及刀具的预调和管理系统。

4.控制与管理系统
控制与管理系统即对制造过程进行监控、检测、协调与管理的系统。

（二）机械制造自动化系统的分类

对机械制造自动化的分类目前还没有统一的方式。综合国内外各种资料，大致可按下面几种方式来进行分类。

1.按制造过程分
按制造过程分分为毛坯制备过程自动化、热处理过程自动化、储运过程自动化、机械加工过程自动化、装配过程自动化、辅助过程自动化、质量检测过程自动化和系统控制过程自动化。

2．按设备分

按设备分分为局部动作自动化、单机自动化、刚性自动化、刚性综合自动化系统、柔性制造单元、柔性制造系统。

3．按控制方式分

按控制方式分分为机械控制自动化、机电液控制自动化、数字控制自动化、计算机控制自动化、智能控制自动化。

4．按生产批量分

按生产批量分分为大批量生产自动化、中等批量生产自动化、单件小批量生产自动化。

（三）机械制造自动化设备的特点及适用范围

不同的自动化类型有着不同的性能特点和不同的应用范围，因此应根据需要选择不同的自动化系统。

1．刚性半自动化单机

除上下料外，机床可以自动地完成单个工艺过程加工循环，这样的机床称为刚性半自动化单机。如单台组合机床、通用多刀半自动车床、转塔车床等。这种机床采用的是机械或电液复合控制。从复杂程度讲，刚性半自动化单机实现的是加工自动化的最低层次，但其投资少、见效快，适用于产品品种变化范围和生产批量都较大的制造系统。其缺点是调整工作量大、加工质量较差，工人的劳动强度也大。

2．刚性自动化单机

这是在刚性半自动化单机的基础上增加自动上下料装置而形成的自动化机床。因此，这种机床实现的也是单个工艺过程的全部加工循环。这种机床往往需要订制成改装，常用于品种变化很小但生产批量特别大的场合，如组合机床、专用机床等。其主要特点是投资少、见效快，但通用性差，是大量生产中最常见的加工设备。

3．刚性自动化生产线

刚性自动化生产线（简称"刚性自动线"）是用工件输送系统将各种刚性自动化加工设备和辅助设备按一定的顺序连接起来，在控制系统的作用下完成单个零件加工的复杂大系统。在刚性自动线上，被加工零件以一定的生产节拍，顺序通过各个工作位置，自动度，具有统一的控制系统和严格的生产节奏。与自动化单机相比，它的结构复杂、完成的加工工序多，所以生产率也很高，是少品种、大量生产必不可少的加工装备。除此之外，刚性自动化还具有可以有效缩短生产周期、取消半成品的中间库存、缩短物料流程、减少生产面积、改善劳动条件、便于管理等优点。它的主要缺点是投资大、系统调整周期长、更换产品不方便。为了消除这些缺点，人们发展了组合机床自动线，可以大幅度缩短建线周期，更换产品后只须更换机床的某些部件即可（例如可换主轴箱），大大缩短了系统的调整时间，降低了生产成本，并能收到较好的使用效果和经济效果。组合机床自动线主要用于箱体类零件和其他类型非回转件的钻、扩、铰、镗、攻螺纹和铣削等工序的加工。

4. 刚性综合自动化系统

一般情况下，刚性自动线只能完成单个零件的所有相同工序（如切削加工工序），对于其他自动化制造内容如热处理、锻压、焊接、装配、检验、喷漆甚至包装却不可能全部包括在内。包括上述内容的复杂大系统称为刚性综合自动化系统。刚性综合自动化系统常用于产品比较单一但工序内容多、加工批量特别大的零部件的自动化制造。刚性综合自动化系统结构复杂、投资强度大、建线周期长、更换产品困难，但生产效率极高、加工质量稳定、工人劳动强度低。

5. 数控机床

数控机床用于完成零件一个工序的自动化循环加工。它是用代码化的数字量来控制机床，按照事先编好的程序，自动控制机床各部分的运动，而且还能控制选刀、换刀、测量、润滑、冷却等工作。数控机床是机床结构、液压、气动、电动、电子技术和计算机技术等各种技术综合发展的成果，也是单机自动化方面的一个重大进展。配备适应控制装置的数控机床，可以通过各种检测元件将加工条件的各种变化测量出来，然后反馈到控制装置，与预先给定的有关数据进行比较，使机床及时进行相应的调整，这样，机床就能始终处于最佳工作状态。数控机床常用在零件复杂程度不高、精度较高、品种多变、批量中等的生产场合。

6. 加工中心

加工中心是在一般数控机床的基础上增加刀库和自动换刀装置而形成的一类更复杂但用途更广、效率更高的数控机床。由于其具有刀库和自动换刀装置，可以在一台机床上完成车、铣、镗、钻、铰、攻螺纹、轮廓加工等多个工序的加工。因此，加工中心机床具有工序集中、可以有效缩短调整时间和搬运时间、减少在制品库存、加工质量高等优点。加工中心常用于零件比较复杂，需要多工序加工，且生产批量中等的生产场合。根据所处理的对象不同，加工中心又可分为铣削加工中心和车削加工中心。

7. 柔性制造系统

一个柔性制造系统一般由四部分组成：两台以上的数控加工设备、一个自动化的物料及刀具储运系统、若干台辅助设备（如清洗机、测量机、排屑装置、冷却润滑装置等）和一个由多级计算机组成的控制和管理系统。到目前为止，柔性制造系统是最复杂、自动化程度最高的单一性质的制造系统。柔性制造系统内部一般包括两类不同性质的运动：一类是系统的信息流，另一类是系统的物料流，物料流受信息流的控制。

柔性制造系统的主要优点是：①可以减少机床操作人员；②由于配有质量检测和反馈控制装置，零件的加工质量很高；③工序集中，可以有效减少生产面积；④与立体仓库相配合，可以实现 24h 连续工作；⑤由于集中作业，可以减少加工时间；⑥易于和管理信息系统、工艺信息系统及质量信息系统结合形成更高级的自动化制造系统。

柔性制造系统的主要缺点是：①系统投资大，投资回收期长；②系统结构复杂，对操作人员要求较高；③结构复杂使得系统的可靠性较差。

一般情况下，柔性制造系统适用于品种变化不大、批量在 200 ～ 2500 件的中等批量生产。

8. 柔性制造单元

柔性制造单元是一种小型化柔性制造系统，柔性制造单元和柔性制造系统两者之间的概念比较模糊。但通常认为，柔性制造单元是由 1 ～ 3 台计算机数控机床或加工中心所组成，单元中配备有某种形式的托盘交换装置或工业机器人，由单元计算机进行程序编制及分配、负荷平衡和作业计划控制的小型化柔性制造系统。与柔性制造系统相比，柔性制造单元的主要优点是：占地面积较小，系统结构不很复杂，成本较低，投资较小，可靠性较高，使用及维护均较简单。因此，柔性制造单元是柔性制造系统的主要发展方向之一，深受各类企业的欢迎。就其应用范围而言，柔性制造单元常用于品种变化不是很大、生产批量中等的生产中。

9. 计算机集成制造系统

计算机集成制造系统是目前最高级别的自动化制造系统，但这并不意味着计算机集成制造系统是完全自动化的制造系统。事实上，目前意义上计算机集成制造系统的自动化程度甚至比柔性制造系统还要低。计算机集成制造系统强调的主要是信息集成，而不是制造过程物流的自动化。计算机集成制造系统的主要缺点是系统十分庞大，包括的内容很多，要在一个企业完全实现难度很大。但可以采取部分集成的方式，逐步实现整个企业的信息及功能集成。

（四）机械制造自动化的辅助设备

机械制造自动化加工过程中的辅助工作包括工件的装夹、工件的上下料、在加工系统中的运输和存储、工件的在线检验、切屑与切削液的处理等。

要实现加工过程自动化，降低辅助工时，以提高生产率，就要采用相应的自动化辅助设备。

所加工产品的品种和生产批量、生产率的要求以及工件结构形式，决定了所采用的自动化加工系统的结构形式、布局、自动化程度，也决定了所采用的辅助设备的形式。

1. 中小批量生产中的辅助设备

中小批量生产中所用的辅助设备要有一定的通用性和可变性，以适应产品和工艺的变换。

对于由设计或改装的通用自动化机床组成的加工系统,工件的装夹常采用组合模块式万能夹具。对于由数控机床和加工中心组成的柔性制造系统,可设置托盘,解决在同一机床上装夹不同结构工件的自动化问题,托盘上的夹紧定位点根据工件来确定,而托盘与机床的连接则有统一的基面和固定方式。

工件的上下料可以采用通用结构的机械手,改变手部模块的形式就可以适应不同的工件。

工件在加工系统中的传输,可以采用链式或滚子传送机,工件可以连同托盘和托架一起输送。在柔性制造系统中,自动运输小车是很常用和灵活的运输设备。它可以通过交换小车上的托盘,实现多种工件、刀具、可换主轴箱的运输。对于无轨自动运输小车,改变地面敷设的感应线就可以方便地改变小车的传输路线,具有很高的柔性。

搬运机器人与传送机组合输送方式也是很常用的。能自动更换手部的机器人,不仅能输送工件、刀具、夹具等各种物体,还可以装卸工件,适用于工件形状和运动功能要求柔性很大的场合。

面向中小批量的柔性制造系统中可以设置中央仓库,存储生产中的毛坯、半成品、刀具、托盘等各种物料。用堆垛起重机系统自动输送存取,在控制、管理下,可实现无人化加工。

2. 大批量生产中的辅助设备

在大批量生产中所采用的自动化生产线上,夹具有固定式夹具和随行夹具两种类型。固定式夹具与一般机床夹具在原理和设计上是类似的,但用在自动化生产线上还应考虑结构与输送装置之间不发生干涉,且便于排屑等特殊要求。随行夹具适用于结构形状比较复杂的工件,这时加工系统中应设置随行夹具的自动返回装置。

体积较小、形状简单的工件可以采用料斗式或料仓式上料装置;体积较大、形状复杂的工件,如箱体零件可采用机械手上下料。

工件在自动化生产线中的输送可采用步伐式输送装置。步伐式输送装置有棘爪式、摆杆式和抬起式等几种主要形式。可根据工件的结构形式、材料、加工要求等条件选择合适的输送方式。不便于布置步伐式输送装置的自动化生产线,也可以使用搬运机器人进行输送。回转体零件可以用输送槽式输料道输送,工件在自动线间或设备间采用传送机输送。可以直接输送工件,也可以连同托盘或托架一起输送。运输小车也可以用于大批量生产中的工件输送。

箱体类工件在加工过程中有翻转要求时,应在自动化生产线中或线间设置翻转装置。翻转动作也可以由上、下料手的手臂动作实现。

为了增加自动化生产线的柔性,平衡生产节拍,工序间可以设置中间仓库。自动输送工件的辊道或滑道,也具有一定的存储工件的功能。

在批量生产的自动线中，自动排屑装置实现了将不断产生的切屑从加工区清除的功能。它将切削液从切屑中分离出来以便重复使用，利用切屑运输装置将切屑从机床中运出，确保自动化生产线加工的顺利进行。

第四节　机械自动化的发展

一、高度智能集成性

随着计算机集成制造技术和人工智能技术在制造系统中的广泛应用，具备智能特性已成为自动化制造系统的主要特征之一。智能集成化制造系统可以根据外部环境的变化自动地调整自身的运行参数，使自己始终处于最佳运行状态，这称为系统自律能力。

智能集成化制造系统还具有自决策能力，能够最大限度地自行解决系统运行过程中所遇到的各种问题。由于有了智能，系统就可以自动监视本身的运行状态，发现故障则自动给予排除。如发现故障正在形成，则采取措施防止故障的发生。

智能集成化制造系统还应与计算机集成制造系统的其他分系统共同集成为一个有机的整体，以实现信息资源的共享。它的集成性不仅体现在信息的集成上，还包括另一个层次的集成，即人和技术之间的集成，实现了人机功能的合理分配，并能够充分发挥人的主观能动性。

带有智能的制造系统还可以在最佳加工方法和加工参数选择、加工路线的最佳化和智能加工质量控制等方面发挥重要作用。

总之，智能集成化制造系统具有自适应能力、自学习能力、自修复能力、自组织能力和自我优化能力。因而，这种具有智能的集成化制造系统将是自动化制造系统的主要发展趋势之一。但由于受到人工智能技术发展的限制，智能集成型自动化制造系统的实现将是个缓慢的过程。

二、人机结合的适度自动化

传统的自动化制造系统往往过分强调完全自动化，对如何发挥人的主导作用考虑甚少。但在先进生产模式下的自动化制造系统却并不过分强调它的自动化水平，而强调的是人机功能的合理分配，强调充分发挥人的主观能动性。因此，先进生产模式下的自动化制造系统是人机结合的适度自动化系统。这种系统的成本不高，但运行可靠性却很高，系统的结构也比较简单（特别体现在可重构制造系统上）。它的主要缺陷是人的情绪波动会影响系统的运行质量。

在先进生产模式下，特别是在智能制造系统中，计算机可以取代人的一部分思维、推理及决策活动，但绝不是全部。在这种系统中，起主导作用的仍然是人，因为无论计算机如何"聪明"，它的智能将永远无法与人的智能相提并论。

三、强调系统的柔性和敏捷性

传统的自动化制造系统的应用场合往往是大批量生产环境，这种环境不特别强调系统具有柔性。但先进生产模式下的自动化制造系统面对的却是多品种、小批量生产环境和不可预测的市场需求，这就要求系统具有比较大的柔性，能够满足产品快速更换的要求。实现自动化制造系统柔性的主要手段是采用成组技术和计算机控制的、模块化的数控设备。这里所说的柔性与传统意义上的柔性不同，我们称之为敏捷性。传统意义上的柔性制造系统仅能在一定范围内具有柔性，而且系统的柔性范围是在系统设计时就预先确定了的，超出这个范围时系统就无能为力。先进生产模式下的自动化制造系统面对的是无法预测的外部环境，无法在规划系统时预先设定系统的有效范围，但由于系统具有智能且采用了多种新技术（如模块化技术和标准化技术），因此不管外部环境如何变化，系统都可以通过改变自身的结构适应之。智能制造系统的这种"敏捷性"比"柔性"具有更广泛的适应性。

四、继续推广单元自动化技术

制造自动化大致是沿着数控化、柔性化、系统化、智能化的技术阶段升级，并朝数字化、信息化制造方向发展。单元自动化技术是这一技术阶梯的升级基础，包括计算机输入设计制造、数字控制、计算机数字控制、加工中心、自动导向小车、机器人、坐标测量机、快速成型、人机交互编程、制造资源计算、管理信息系统、产品数据管理、基于网络的制造技术、质量功能配置工艺性设计技术等，将使传统过程和装备发生质的变化，实现少或无图样快速设计、制造，以提高劳动生产率，提高产品质量，缩短设计、制造周期，提高企业的竞争力。

五、发展应用新的单元自动化技术

自动化技术发展迅猛，主要依靠许多使能技术的进步和一些开发工具的扩大，它们将人们构思的自动操作付诸实现。如网络控制技术、组态软件、嵌入式芯片、数字信号处理器、可编程序控制器及工业控制机等，都属于自动控制技术中的使能技术。

（一）网络控制技术

网络控制技术即网络化的控制系统，又称为控制网络。分布式控制系统（或称集散控制系统）、工业以太网和现场总线系统都属于网络控制系统。这体现了控制系统正向网络化、集成化、分布化、节点智能化的方向发展。

（二）组态软件

随着计算机技术的飞速发展，新型的工业自动控制系统正以标准的工业计算机软、硬件平台构成的集成系统取代传统的封闭式系统，它具有适应性强、开放性好、易于扩展、经济及开发周期短等优点。监控组态软件在新型的工业自动控制系统中起到了越来越重要的作用。

（三）嵌入式芯片技术

它是计算机的一种应用形式，通常指埋藏在宿主设备中的微处理系统。嵌入式处理器使宿主设备功能智能化、设备灵活和操作简单，这些设备，小到移动电话，大到飞机导航系统，功能各异，千差万别，但都具有功能强、实用性强、结构紧凑、可靠性高和面向对象等共同特点。广义地讲，嵌入式芯片技术是指作为某种技术过程的核心处理环节，能直接与现实环境接口或交互的信息处理系统。

（四）数字信号处理器（DSP）

近几年来，DSP 器件随着性价比的不断提高，被越来越多地直接应用于自动控制领域。

六、运用可重构制造技术

可重构制造技术是数控技术、机器人技术、物料传送技术、检测技术、计算机技术、网络技术和管理技术等的综合。所谓可重构制造，是指能够敏捷地自我调整系统结构以便做快速响应环境变化即具备动态重构能力的制造。由加工中心、物料传送系统和计算机控制系统等组成的可重构制造有可能成为未来制造业的主要生产手段。

第二章　自动化控制方法与技术

第一节　自动化控制的概念

一、自动化控制的基本组成

自动控制系统包括实现自动控制功能的装置及其控制对象，通常由指令存储装置、指令控制装置、执行机构、传递及转换装置等部分构成。

（一）指令存储装置

由于控制对象是一种自动化机械，因此，其运动应该不依靠人而自动运行。这样就需要预先设置它的动作程序，并把有关指令信息存入相应的装置，在需要时重新发出。这种装置就称为指令存储装置（或程序存储器）。

指令存储装置大体上分为两大类：一类是全部指令信息一起存入一个存储装置，称为集中存储方式，如装有许多凸轮的分配轴、矩阵插角板、穿孔带、磁带、磁鼓和磁盘等；另一类是将指令信息分别在多处存储，称为分散存储方式，如挡块、限位开关、电位计、时间继电器和速度继电器等。

（二）指令控制装置

指令控制装置的作用是将存储在指令存储装置中的指令信息在需要的时候发出。例如，执行机构移动到规定位置时挡块碰触限位开关；工件加工到规定尺寸时自动量仪中的电触点接通；液压控制系统中的压力达到规定压力时启动压力阀；主轴转速超过一定数值时速度继电器动作等。其中限位开关、电触点、压力阀和速度继电器等装置能够将指令存储装置中的有关信息转变为指令信号发送出去，命令相应的执行机构完成某种动作。

（三）执行机构

执行机构是最终完成控制动作的环节。例如，拨叉、电磁铁、电动机和工作液压缸等。

（四）传递及转换装置

传递及转换装置的作用是将指令控制装置发出的指令信息传送到执行机构。它在少数情况下是简单地传递信息，而在多数情况下，信息在传递过程中要改变信号的量和质，转换为符合执行机构所要求的种类、形式、能量等输入信息。信息的传递介质有电、光、气体、液体和机械等；信息的形式有模拟式和数字式；信息的量有电压量、电流量、压力量、位移量和脉冲量等。在这些类别中，又各有介质、形式、量的转换，因此，可组合成多种多样的形式。常见的传递和转换装置有各种机械传动装置、电或液压放大器、时间继电器、电磁铁和光电元件等。

二、自动化控制的基本要求

自动控制系统应能保证各执行机构的使用性能、加工质量、生产率及工作可靠性。为此，对自动控制系统提出如下基本要求：①应保证各执行机构的动作或整个加工过程能够自动进行；②为便于调试和维护，各单机应具有相对独立的自动控制装置，同时应便于和总控制系统相匹配；③柔性加工设备的自动控制系统要和加工品种的变化相适应；④自动控制系统应力求简单可靠，在元器件质量不稳定的情况下，对所用元器件一定要进行严格的筛选，特别是电气及液压元器件；⑤能够适应工作环境的变化，具有一定的抗干扰能力；⑥应设置反映各执行机构工作状态的信号及报警装置；⑦安装调试、维护修理方便；⑧控制装置及管线的布置要安全合理、整齐美观；⑨自动控制方式要与工厂的技术水平、管理水平、经济效益及工厂近期的生产发展趋势相适应。

对于一个具体的控制系统，第一项要求必须得到保证，其他要求则根据具体情况而定。

三、自动化控制的基本方式

这里所说的自动控制方式主要是指机械制造设备中常用的控制方式，如开环控制、闭环控制、分散控制、集中控制、程序控制、数字控制和计算机控制等，下面分别做简单说明。

（一）开环控制方式

所谓开环控制就是系统的输出量对系统的控制作用没有影响的控制方式。在开环控制中，指令的程序和特征是预先设计好的，不因控制对象实际执行指令的情况而改变。为了满足实际应用的需要，开环控制系统必须精确地予以校准，并且在工作过程中保持这种校准值不发生变化。如果执行出现偏差，开环控制系统就不能保证既定的要求了。由于这种控制方式比较简单，因此在机械加工设备中广为应用。例如，常见的由凸轮控制的自动车床或沿时间坐标轴单向运行的任何系统，都是开环控制系统。

（二）闭环控制方式

系统的输出信号对系统的控制作用具有直接影响的控制方式称为闭环控制。闭环控制也就是常说的反馈控制。"闭环"的含义，就是利用反馈装置将输出与输入两端相连，并利用反馈作用来减小系统的误差，力图保持两者之间的既定关系。因此，闭环系统的控制精度较高，但这种系统比较复杂。机械制造中常见的自动调节系统、随动系统和适应控制系统等都是闭环控制系统。

（三）分散控制方式

分散控制又称行程控制或继动控制。在这种控制中，指令存储和控制装置按一定程序分散布置，各控制对象的工作顺序及相互配合按下述方式进行：当前一机构完成了预定的动作以后，发出完成信号，并利用这一信号引发下一个机构的动作，如此继续下去，直到完成预定的全部动作。每一执行部件在完成预定的动作后，可以采用不同的方式发出控制指令，如根据运动速度、行程量、终点位置和加工尺寸等进行控制。应用最多的发令装置是有触点式或无触点式限位开关和由挡块组成的指令存储和控制装置。

这种控制方式的主要优点是实现自动循环的方法简单，电气元件的通用性强、成本低。在自动循环过程中，当前一动作没有完成时，后一动作便得不到启动信号，因而分散控制系统本身具有一定的互锁性。然而，当顺序动作较多时，自动循环时间会增加，这对提高生产效率不利。此外，由于指令控制不集中，有些运动部件之间又没有直接的联锁关系，为了使这些部件得到启动信号，往往需要利用某一部件在到达行程终点后，同时引发若干平行的信号。这样，当执行机构较多时，会使电气控制线路变得复杂，电气元件增多，这对控制系统的调整和维修不利，特别是在使用有触点式装置的电器时，由于大量触点频繁换接，容易引起故障。目前，在常见的自动化单机和机械加工自动线的控制系统中，多数都采用这种分散控制方式。

（四）集中控制方式

具有一个中央指令存储和指令控制装置，并按时间顺序连续或间隔地发出各种控制指令的控制系统，都可以称为集中控制系统或时间控制系统。在图 2-1 中，控制系统中有一个连续回转的用来进行集中控制的转鼓。在转鼓上装有一些凸块（存储的指令），当转鼓回转时，凸块分别碰触 1～5 处的限位开关，并接通相应的执行部件。当凸块转过后，放松限位开关，相应的执行部件就停止运动。转鼓转一转，执行部件完成一个工作循环。如果改变凸块的长度或转鼓的转速，就可以调整执行部件的运动时间和工作循环周期，但是不能控制工作部件的运动速度。

集中控制方式的优点是：所有指令存储和控制装置都集中在一起，控制链短且简单，这样，控制系统就比较简单，调整也比较方便。另外，由于每个执行部件的启动指令是由集中控制装置发出的，停止指令则是由执行部件移动到一定位置时，压下限位开关而发出的，因此，可以避免某一部件发生故障而其他部件继续运动与之发生碰撞或干涉的问题，故工作精度和可靠性比较高。其实这是由集中控制和分散控制所组成的混合控制系统。

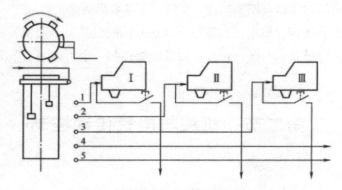

图 2-1　集中控制（时间控制）系统

利用分配轴上的凸轮来驱动和控制自动机床或自动线上的各个执行部件的顺序动作是机械式集中控制系统，它是按时间顺序进行控制的，可以看成是集中控制的方式。

（五）程序控制方式

按照预定的程序来控制各执行机构，使之自动进行工作循环的系统，都可以称为程序控制系统。它又可以分为固定程序控制系统和可变程序控制系统。

固定程序控制系统的程序是固定不变的，它所控制的对象总是周期性地重复同样的动作。这种控制系统的组成元件较少，线路比较简单，安装、调试及维护都比较方便。然而，如果要改变工作程序，这种控制系统基本就不能再用了。因此，这种控制方式只适用于大批量生产的专用设备。

可变程序控制系统的程序可以在一定范围内改变，以适应加工品种的变化。这种控制系统的组成元件较多，系统比较复杂，投资也比较大。它适用于中小批量、多品种轮番生产。从目前的应用情况来看，较复杂的可变程序控制装置都采用电子计算机控制，规模较小的则常采用可编程序控制器控制；生产批量较大、加工品种变化不大时，经常采用凸轮机械式控制，品种改变时更换凸轮即可。

（六）数字控制方式

采用数控装置（或称专用电子计算机），以二进制码形式编制加工程序，控制各工作部件的动作顺序、速度、位移量及各种辅助功能的控制系统，称为数字控制系统，简称数控系统。它主要由控制介质（如穿孔带、穿孔卡、磁带等）、数控装置及伺服机构组成。这种控制方式适用于加工零件的表面形状复杂、品种经常改变的单件或小批量生产中所用的加工设备。

（七）计算机控制方式

将电子计算机作为控制装置，实现自动控制的系统，称为计算机控制系统。由于电子计算机具有快速运算与逻辑判断的功能，并能对大量数据信息进行加工、运算和实时处理，所以，计算机控制能达到一般电子装置所不能达到的控制效果，实现各种优化控制。计算机不仅能够控制一台设备、一条自动线，而且能够控制一个机械加工车间甚至整个工厂。

第二节　机械与电气传动控制

一、机械传动控制

（一）机械传动控制的特点

机械传动控制方式传递的动力和信号一般都是机械连接的，所以在高速时可以实现准确的传递与信号处理，并且还可以重复两个动作。在采用机械传动控制方式的自动化装备中，几乎所有运动部件及机构都是由装有许多凸轮的分配轴来驱动和控制的。凸轮控制是一种最原始、最基本的机械式程序控制装置，也是一种出现最早而至今仍在使用的自动控制方式。例如，经常见到的单轴和多轴自动车床，几乎全部采用这种机械传动控制方式。这种控制方式属于开环控制，即开环集中控制。在这种控制系统中，程序指令的存储和控制均利用机械式元件来实现，如凸轮、挡块、连杆和拨叉等。这种控制系统的另外一个特点是控制元件同时又是驱动元件。

（二）典型实例分析

图 2-2 所示是 C1318 型单轴转塔自动车床的机械集中控制系统的原理简图。此机床的工作过程是：上一个工件切断后，夹紧机构松开棒料—棒料自动送进—夹紧棒料—回转刀架转位—刀架滑板快进、工进、快退—换刀—再进给（在回转刀架换刀和切削的同时，横向刀架也可以进行）……如此反复循环进行工件的加工。机床除工件的旋转外，其余动作均由分配轴集中驱动与控制。分配轴是整台机床的控制中心，分配轴上装有主轴正反转定时轮、横向进给凸轮、送夹料定时轮、换刀定时轮和锥齿轮等。机床的所有动作都是按照分配轴的指令执行的。分配轴转动一圈，机床完成一个零件的加工。

该机床的主要控制动作如下：

1. 径向进给

由分配轴上的径向进给凸轮 3、4、5 分别通过杠杆按照一定的时间顺序，控制立刀架、后刀架和前刀架沿着工件直径方向的快进、工进和快退动作。

2. 纵向进给

由分配轴通过齿轮传动副，控制纵向进给凸轮的转动速度，纵向进给凸轮 8 通过杠杆控制刀架滑板 9 的纵向运动,从而实现滑板上回转刀架的快进、工进和快退动作。

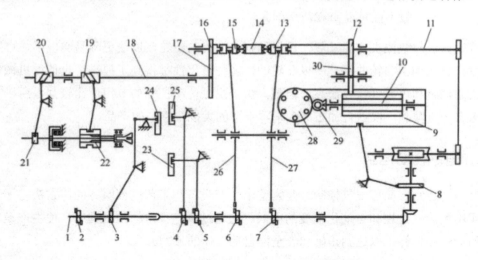

图 2-2 C1318 型单轴转塔自动车床控制原理简图

1—分配轴;2—主轴正反转定时轮;3、4、5—径向进给凸轮;
6—送夹料定时轮;7—换刀定时轮;8—纵向进给凸轮;9—刀架滑板;
10—长齿轮;11—辅助轴;12、16—空套齿轮;13、15—定转离合器;
14—固定离合器;17、30—齿轮;18—凸轮轴;19—松、夹料凸轮;
20—送料凸轮;21—送料机构;22—夹紧机构;23—前刀架;24—立刀架;
25—后刀架;26、27—杠杆;28—回转刀架;29—马氏机构

3. 送夹料

由分配轴上的送夹料定时轮 6 通过杠杆 26 控制辅助轴上定转离合器 15 的接通与断开。当定转离合器 15 接通后,空套齿轮 16 随辅助轴转动,通过齿轮 17 使凸轮轴 18 转动,凸轮 19、20 通过杠杆控制送夹料机构的动作。

4. 换刀

由分配轴上的换刀定时轮 7 通过杠杆 27 控制辅助轴上定转离合器 13 的接通与断开。当定转离合器 13 接通后,空套齿轮 12 随辅助轴转动,通过齿轮 30 使长齿轮 10 转动,从而接通换刀机构。当换刀机构接通后,通过马氏机构 29 使回转刀架顺时针转动,完成刀架的转位(回转刀架共有 6 个刀位)。

5. 主轴正反转控制

由定时轮 2 根据加工要求,按照设定的时间控制换向开关的位置,从而控制主轴的正反转。此外,装有空套齿轮 12 和 16、定转离合器(空套)13 和 15、固定离合器 14 的辅助轴,通过齿轮传动副、蜗杆传动副受分配轴的控制,与分配轴保持一定的传动关系(转速、转向)。

这种凸轮机械传动控制系统的主要特点为工作可靠、使用寿命长、节拍准确、结构紧凑,调整时容易发现问题,调整完毕后便能正常进行工作等。然而,其结构较复杂,凸轮的设计和制造工作量较大，凸轮曲线有偏差时易产生冲击和噪声。另外，由于凸轮又兼做驱动元件，因此一般不能承受重载荷切削。

随着计算机与数控机床的发展，设计和制造准确的凸轮比以往更容易实现了，可以精确地按设计要求加工凸轮曲线，所以凸轮的性能与可靠性都得到了提高，也使得机械传动控制方式的精度和可靠性得以提高。但是，由于机械传动控制的专用性比较强，所以它的应用范围有一定限制，仅适合加工品种基本不变的大批量生产的产品。

二、电气传动控制

电气传动控制（简称电气控制）是为整个生产设备和工艺过程服务的，它决定了生产设备的实用性、先进性和自动化程度的高低。它通过执行预定的控制程序，使生产设备实现规定的动作和目标，以达到正确和安全地自动工作的目的。

电控系统除正确、可靠地控制机床动作外，还应保证电控系统本身处于正确的状态，一旦出现错误，电控系统应具有自诊断和保护功能，自动或提示操作者做相应的操作处理。

（一）电气控制的特点和主要内容

按照规定的循环程序进行顺序动作是生产设备自动化的工作特点，电气控制系统的任务就是按照生产设备的生产工艺要求来安排工作循环程序，控制执行元件，驱动各动力部件进行自动化加工。因此，电气控制系统应满足如下基本要求：①最大限度地满足生产设备和工艺对电气控制线路的要求；②保证控制线路的工作安全和可靠；③在满足生产工艺要求的前提下，控制线路力求经济、简单；④应具有必要的保护环节，以确保设备的安全运行。电气控制系统的主要构成有主电路、控制电路、控制程序和相关配件等部分。

（二）电气控制系统工作循环的表示方法

生产设备的工作循环是设计电气控制系统循环程序的主要依据，一般有以下三种表示方法。

1. 工作循环图表示的工作循环

工作循环图主要用于表示单台生产设备的工作循环。图 2-3 所示为一台双工位组合机床的工作循环图。

2. 工作循环周期表表示的工作循环

对于动作复杂的自动线，很难用工作循环图将其表示清楚，此时一般采用工作循环周期表来表示工作过程。

3. 功能流程图表示的工作循环

功能流程图是一种专用于工业顺序控制程序设计的功能说明性语言，能清楚地表示控制系统的信息传递过程和输入、输出信号的逻辑关系，并且可以标明输入、输出信号，执行元件的名称、代号和其在控制装置中的地址编码。功能图的基本构成元素是步、有向线段、转移和动作说明。图 2-4 所示是一个分别完成上料、钻孔和卸件工作的 3 工位旋转工作台的功能流程图。

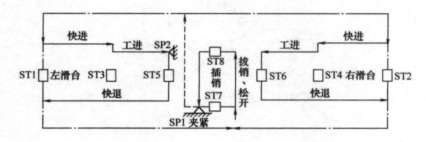

图 2-3　工作循环图的表示方法

→—动作顺序和循环的传递方向；ST1 ~ ST8—行程开关等传感元件；

SP1 ~ SP2—压力继电器

（三）电气控制的操作方式

自动化生产设备具有多种工作方式，一般用手动多路转换开关选择操作方式，在不同的操作方式下，系统自动调用不同的工作程序。

1. 自动循环（或称连续循环）

在自动循环方式下，按下"循环开始"按钮，生产设备将按预定的循环动作一次又一次地连续运行，只有在按下"预停"按钮后，该次循环结束后才会停止运行。

2. 半自动循环（或称单次循环）

在半自动循环方式下，每次工作循环都必须按下"循环开始"按钮才能开始运行。在手动上、下料和手动装夹工件时，这种方式是十分必要的。

3. 调整

在对生产设备进行调试或对设备的某个部分进行调整时，需要各动力部件能单独地做"单步"动作。常用的方法是对应于每一个动作都单设一个调整按钮，因而操纵台往往被大量的调整按钮占用。在采用 PLC 作为电控装置时，可用编码的方法减少调整按钮数量，同时也减少了占用 PLC 输入端的数量。

4. 开工循环和收工循环

自动线有多个加工工位，如果在各工位上都没有工件时开始自动线的工作循环，则称为开工循环；如果再无工件进入自动线，则自动线应开始收工循环。之所以设置开工循环和收工循环两种操作方式，是因为在某些自动线的加工工位上不允许工件空缺。例如，对工件某工位进行气压密封性检查时，若工件空缺将无法发出信号。

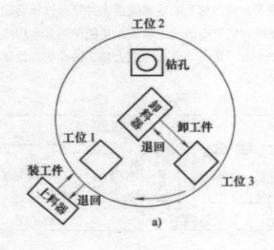

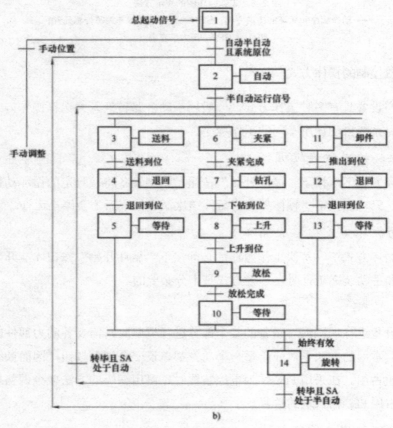

图 2-4　功能流程图的表示方法

a）工作台示意图；b）功能流程图

（四）电气控制的联锁要求

生产设备在运行中，各动力部件的动作有着严格的相互关系，这主要是通过电气控制系统的联锁功能来实现的。联锁信号按其在电路中所起的作用，可以分为联锁、自锁、互锁、短时联锁和长时联锁等，其基本要求如下：①在机床启动后，液压泵电动机已启动信号是控制程序中必要的长时联锁信号，任何时候液压泵电动机停转，控制程序都应立即停止执行。②在滑台快进、快退时，工件定位、夹紧信号应作为长时联锁信号。③在滑台工作进给时，工件定位和夹紧信号、主轴电动机已启动信号、冷却泵和润滑电动机已启动信号在工作进给的全过程中作为长时联锁信号。④在输送带、移动工作台移动和回转工作台转动时，拔销松开信号、输送机构或工作台抬起信号、各动力部件处于原位信号是长时联锁信号。⑤在接通电动机正、反转的电路中及在控制滑台向前、向后的程序中，应加入"正－反""前－后"互锁信号。⑥监视液压系统压力的压力继电器，因压力的波动会出现瞬时的抖动，因而在用压力继电器作为工件的夹紧信号时，应对信号做延时处理，或者只能作为短时联锁信号。在用压力继电器信号作为滑台死挡铁停留信号时，则应在滑台终端同时加上终点行程开关，只有在终点行程开关已压合的情况下，压力继电器信号才有效。⑦在液压系统中使用带机械定位的二位三通电磁阀时，控制程序中可使用短时联锁信号。如果因工艺要求该信号必须是长时联锁，即如果该联锁信号消失，动作应该停止，则可以在联锁信号消失时，用该联锁信号的反相信号使二位三通阀复位，也可以起到长时联锁的作用。⑧在"自动循环"操作方式下，上次循环的加工完成信号是启动下次循环的短时联锁信号。特别是在自动线的工作循环中，如果上一次工作循环没有完成，即没有加工完成信号，是不允许开始下次循环的。⑨在多面组合机床中，对于刀具有可能相撞的危险区，应加互锁信号，各滑台应依次单独进入加工区，以避免相撞。⑩在具有主轴定位的铣削机床中，主轴已定位信号是滑台快进和快退的联锁信号，而在滑台工进时，要启动主轴旋转，则必须有主轴定位已撤销的联锁信号。

以上是加工设备自动化程序设计中应考虑的一般联锁原则。必须说明的是，因为加工设备的配置形式是多种多样的，所以电气控制程序的设计必须在充分了解机床工艺要求的基础上，按实际需要考虑联锁关系，不可一概而论，联锁信号也不是越多越好，重复的和不必要的联锁会增加故障概率、降低可靠性。

在多段结构的自动线控制程序中，还须特别注意段与段之间连接部件动作的联锁，以避免碰撞事故发生。

（五）常用的电气控制系统

从控制的方式来看，电气控制系统可以分为程序控制和数字控制两大类。常见的电气控制系统主要有以下四种。

1. 固定接线控制系统

各种电器元件和电子器件采用导线和印制电路板连接，实现规定的某种逻辑关系并完成逻辑判断和控制的电控装置，称为固定接线控制系统。在这种系统中，任何逻辑关系和程序的修改都要用重新接线或对印制电路板重新布线的方法解决,因而修改程序较为困难,主要用于小型、简单的控制系统。这类系统按所用元器件分为以下两种类型:

(1)继电器－接触器控制系统

继电器－接触器控制系统是由继电器和接触器等有触点电器组成的控制电路,它是应用最早的控制系统,具有结构简单、直观形象、容易掌握、维护方便、价格低廉、抗干扰能力强、能够进行远距离控制等优点。由于继电器－接触器控制系统所采用的控制电器结构简单、性价比高、能满足一般的工业控制领域的需求,因此目前在工业企业中继电器－接触器控制系统应用仍十分广泛,而且继电器－接触器控制系统是其他自动化控制系统的基础。因此,掌握继电器－接触器控制系统的基本控制电路对于机床的数控改造以及数控系统的设计等都有十分重要的作用。

(2)固体电子电路系统

它是指由各类电子芯片或半导体逻辑元件组成的电控装置。由于此系统无接触触点和机械动作部件,故其寿命和可靠性均高于继电器－接触器系统,而价格同样低廉,所以在小型的程序无须改变的系统中仍有应用,或者在系统的部件控制环节上有所应用。

2.可编程序控制系统

可编程序控制器(PLC)是以微处理器为核心、利用计算机技术组成的通用电控装置,一般具有开关量和模拟量输入／输出、逻辑运算、四则算术运算、计时、计数、比较和通信等功能。因为它是通用装置,而且是在具有完善质量保证体系的工厂中批量生产的,因而具有可靠性高、功能配置灵活、调试周期短和性能价格比高等优点。PLC与计算机和固体电子电路控制系统的最大区别还在于PLC备有编程器,通过编程器可以利用人们熟悉的传统方法(如梯形图)编制程序,简单易学。另外,通过编程器可以在现场很方便地更改程序,从而大大缩短了调试时间。因此,在组合机床和自动线上大都已采用PLC系统。

3.带有数控功能的PLC

将数控模块插入PLC母线底板或以电缆外接于PLC总线,与PLC的CPU进行通信,这些数字模块自备微处理器,并在模块的内存中存储工件程序,可以在PLC系统中独立工作,自动完成程序指定的操作。这种数控模块一般可以控制1～3根轴,有的还具有2轴或3轴的插补功能。

4.分布式数控系统(DNC)

对于复杂的数控组合机床自动线,分布式数控系统是最合适的系统。分布式数控系统是将单轴数控系统(有时也有少量的2轴、3轴数控系统)作为控制基层设备级的基本单元,与主控系统和中央控制系统进行总线连接或点对点连接,以通信的方式进行分时控制的一种系统。

第三节 液压与气动传动控制

一、液压传动控制

液压传动是利用液体工作介质的压力势能实现能量的传递及控制的。作为动力传递，因压力较高，所以，使用小的执行机构就可以输出较大的力，并且使用压力控制阀可以很容易地改变它的输出（力）。从控制的角度来看，即使动作时负载发生变化，也可按一定的速度动作，并且在动作的行程内还可以调节速度。因此，液压控制具有功率重量比大、响应速度快等优点。它可以根据机械装备的要求，对位置、速度、力等任意控制量按一定的精度进行控制，并且在有外扰的情况下，也能稳定而准确地工作。

液压控制有机械－液压组合控制和电气－液压组合控制两种方式。前者如图2-5所示，凸轮1推动活塞2移动，活塞2又迫使油管3中的油液流动，从而推动活塞4和执行机构6移动，返回时靠弹簧5的弹力使整个系统回到原位。执行机构6的运动规律由凸轮1控制，凸轮1既是指令存储装置，同时又是驱动元件。

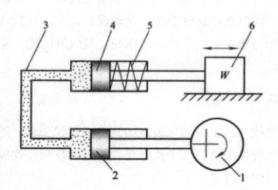

图2-5 机械－液压组合控制系统
1—凸轮；2、4—活塞；3—油管；5—弹簧；6—执行机构

后者如图2-6所示，指令单元根据系统的动作要求发出工作信号（一般为电压信号），控制放大器将输入的电压信号转换成电流信号，电液控制阀将输入的电信号转换成液压量输出（压力及流量），执行元件实现系统所要求的动作，检测单元用于系统的测量和反馈等。

这种控制系统目前存在的主要问题是某些电气元器件的可靠性不高及液压元件经常漏油等，这样就使控制系统的稳定性受到了影响。因此，在设计和使用时，应给予重视并采取适当的补救措施。

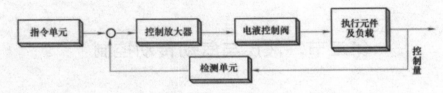

图 2-6　电气 – 液压组合控制系统

二、气动传动控制

气动传动控制（简称气动控制）技术是以压缩空气为工作介质进行能量和信号传递的工程技术，是实现各种生产和自动控制的重要手段。气动控制技术不仅具有经济、安全、可靠和便于操作等优点，而且对于改善劳动条件、提高劳动生产率和产品质量具有非常重要的作用。

（一）气动控制的特点

气动控制有以下特点：①结构装置简单、轻便，易于安装和维护，且可靠性高、使用寿命长。②工作介质大多采用空气，来源方便，而且使用后直接排出气体，既不污染环境，又能适应"绿色生产"的需要。③工作环境适应性强，特别是在易燃、易爆、多尘埃、辐射和振动等恶劣的场合也可使用。④气动系统易于实现快速动作，输出力和运动速度的调节都很方便，且成本低，同时在过载时能实现自动保护。⑤压缩空气的工作压力一般为 0.4 ～ 0.8MPa，故输出力和力矩不太大，传动效率低，且气缸的动作速度易随负载的变化而产生波动。

（二）气动控制的形式与适用范围

气动控制系统的形式往往取决于自动化装置的具体情况和要求，但气源和调压部分基本上是相同的，主要由气压发生装置、气动执行元件、气动控制元件以及辅助元件等部分组成。气动控制主要有以下四种形式：

1. 全气控气阀系统

全气控气阀系统即整套系统中全部采用气压控制。该系统一般比较简单，特别适用于防爆场合。

2. 电 – 气控制电磁阀系统

此系统是应用时间较长、使用最普遍的形式。由于全部逻辑功能由电气系统实现，所以容易使操作和维修人员接受。电磁阀作为电气信号与气动信号的转换环节。

3. 气 – 电子综合控制系统

此系统是一种开始大量应用的新型气动系统。它是数控系统或 PLC 与气阀的有机结合，采用气／电或电／气接口完成电子信号与气动信号的转换。

4.气动逻辑控制系统

此系统是一种新型的控制形式。它以各类气动逻辑元件组成的逻辑控制器为核心，通过逻辑运算得出逻辑控制信号输出。气动逻辑控制系统具有逻辑功能严密、制造成本低、寿命长、对气源净化和气压波动要求高等优点。一般为全气控制系统，更适用于防爆场合。

此外，气动控制为了适应自动化设备的需求，正逐步在气动机器人、气动测量机、气动试验机、气动分选机、气动综合生产线、装配线等方面得到广泛的应用。例如：采用气缸和控制系统做机床运动部件的平衡；采用气动离合器、制动器做机床制动、调速的控制；采用无杆气缸、磁性气缸做机床防护门窗的开关；使用微压（0.03～0.05MPa）气流做主轴部件的气封，防止尘埃和切削液侵入主轴部件，保持主轴精度；采用气动传感器，确认工件、刀具和运动部件的正确位置；采用气动传感技术，实现在线自动测控，使自动化加工设备具备监控功能等。

第四节　计算机控制技术

一、普通数控机床的控制

普通数控（NC）机床，包括具有单一用途的车床、钻床、铣床、镗床和磨床等。它们是采用专用的计算机或称"数控装置"，以数码的形式编制加工程序，控制机床各运动部件的动作顺序、速度、位移量及各种辅助功能，以实现机床加工过程的自动化。

二、加工中心的控制

加工中心（MC）是一种结构复杂的数控机床，它能自动地进行多种加工，如铣削、钻孔、镗孔、锪平面、铰孔和攻螺纹等。工件在一次装夹中，能完成除工件基面以外的其余各面的加工。它的刀库中可装几种到上百种刀具，以供选择，并由自动换刀装置实现自动换刀。可以说，加工中心的实质就是能够自动进行换刀的数控机床。加工中心目前多数都采用微型计算机进行控制。加工中心能够实现对同族零件的自动加工，变换品种方便。然而，由于加工中心的投资较大，所以要求机床必须具有很高的利用率。

三、计算机数控

计算机数控（CNC）与普通数控的区别是在数控装置部分引入了一台微型通用计算机。

它具有功能适应性强、工艺过程控制系统和管理信息系统能密切配合、操作方便等优点。然而，这种控制系统只是在出现了价格便宜的微型计算机以后，才得到了较快的发展。

四、计算机群控

计算机群控系统由一台计算机和一组数控机床组成，以满足各台机床共享数据的需要。它和计算机数控系统的区别是用一台较大型的计算机来代替专用的小型计算机，并按分时方式控制多台机床。图 2-7 所示为一个计算机群控系统，它包括一台中心计算机、给各台数控机床传送零件加工程序的缓冲存储器以及数控机床等部分。

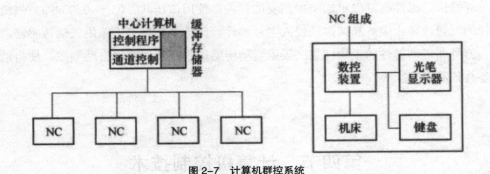

图 2-7　计算机群控系统

中心计算机要完成三项有关群控功能：①从缓冲存储器中取出数控指令；②将信息按照机床进行分类，然后去控制计算机和机床之间的双向信息流，使机床一旦需要数控指令便能立即予以满足，否则，在工件被加工表面上会留下明显的停刀痕迹，这种控制信息流的功能称为通道控制；③中心计算机还处理机床反馈信息，供管理信息系统使用。

（一）间接式群控系统

间接式群控系统又称纸带输入机旁路式系统，它是用数字通信传输线路将数控系统和群控计算机直接连接起来，并将纸带输入机取代掉（旁路）。图 2-8 所示为间接式群控系统示意图，图中只绘出了一台机床。

可以看出，这种系统只是取代了普通数控系统中纸带输入机这部分功能，数控装置硬件线路的功能仍然没有被计算机软件所取代，所有分析、逻辑和插补功能，还是由数控装置硬件线路来完成的。

（二）直接式群控系统

直接式群控（DNC）系统比间接式群控系统向前发展了一步，由计算机代替硬件数控装置的部分或全部功能。根据控制方式，又可分为单机控制式、串联式和柔性式三种基本类型。

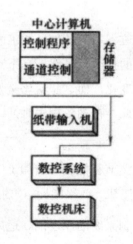

图 2-8 间接式群控系统

在直接式群控系统中，几台乃至几十台数控机床或其他数控设备，接收从远程中心计算机（或计算机系统）的磁盘或磁带上检索出来的遥控指令，这些指令通过传输线以联机、实时、分时的方式送到机床控制器（MCU），实现对机床的控制。

直接式群控系统的优点有：①加工系统可以扩大；②零件编程容易；③所有必需的数据信息可存储在外存储器内，可根据需要随时调用；④容易收集与生产量、生产时间、生产进度、成本和刀具使用寿命等有关的数据；⑤对操作人员技术水平的要求不高；⑥生产效率高，可按计划进行工作。

这种系统投资较大，在经济效益方面应加以考虑。另外，中心计算机一旦发生故障，会使直接式群控系统全部停机，这会造成重大损失。

五、适应控制

在实际工作中，大多数控制系统的动态特性不是恒定的。这是因为各种控制元件随着使用时间的增加在老化，工作环境在不断变化，元件参数也在变化，致使控制系统的动态特性也随之发生变化。虽然在反馈控制中，系统的微小变化对动态特性的影响可以被减弱，然而，当系统的参数和环境的变化比较显著时，一般的反馈控制系统将不能保持最佳的使用性能。这时只有采用适应能力较强的控制系统，才能满足这一要求。

所谓适应能力，就是系统本身能够随着环境条件或结构的不可预计的变化，自行调整或修改系统的参量。这种本身具有适应能力的控制系统，称为适应控制系统。

在适应控制系统中，必须能随时识别动态特性，以便调整控制器参数，从而获得最佳性能。这点具有很大的吸引力，因为适应控制系统除了能适应环境变化以外，还能适应通常工程设计误差或参数的变化，并且对系统中较次要元件的破坏也能进行补偿，因而增加了整个系统的可靠性。

例如，在数控机床上，刀具轨迹、切削条件、加工顺序等都由穿孔带或计算机命令进行恒定控制，这些命令是一套固定的指令，虽然刀具不断磨损、切削力和功率已增加，或因各种原因使实际加工情况发生了变化，而这些变化是人不知道的，但机器所使用的程序却能自动适应这些情况的变化。因此，在制备程序时，编程人员必须计算出能适应最坏情况的一套"安全"加工指令。

采用适应控制技术，能迅速地调节和修正切削加工中的控制参数（切削条件），以适应实际加工情况的变化，这样才能使某一效果指标，如生产率、生产成本等始终保持最优。

图 2-9 所示为切削加工适应控制系统的原理图。适应控制的效果主要取决于机床上所用的传感器，在机床工作期间，传感器要经常检测动态工作情况，如切削力、主轴转矩、电动机负荷、刀具变形、机床和刀具的振动、工件加工精度、加工表面的表面粗糙度、切削温度及机床的热变形等。由于刀具磨损和刀具使用寿命在实际加工中很难测量，因此可通过上述测量间接地加以估算。这些可以作为对适应控制系统的输入，再经过实时处理，便可确定下一瞬间的最优切削条件，并通过控制装置仔细地调整主轴转速、进给速度或拖板移动速度，便可实现切削加工的实时优化。

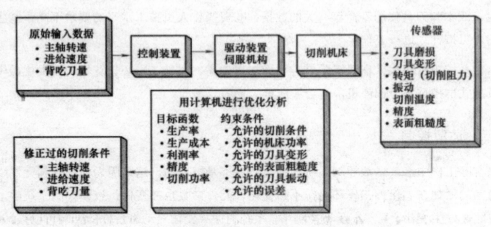

图 2-9　切削加工适应控制系统原理图

利用适应控制系统，能够保护刀具，防止刀具受力过大，从而提高刀具的使用寿命，进而保证加工质量。另外，还能简化编程中确定主轴转速和进给速度的工作，这样就能提高生产率。

第五节　典型控制技术应用

一、经典控制方法

在工程实际中，最简单的控制方式是开关控制，常用的控制方式有比例（P）控制、积分（I）控制、微分（D）控制，简称 PID 控制，又称 PID 调节。PID 控制器具有结构简单、稳定性好、工作可靠、调整方便的优点，是工业领域应用的主要控制技术之一。

（一）开关控制

开关控制的输出只有两个状态，即全开或全关。一个状态用于控制量高于期望值（给定信号，设定点）时的情况，另一个状态用于控制量低于期望值时的情况，开关控制又称为二值控制。

采用开关控制的室温调节系统如图 2-10 所示，当室内温度（控制变量）降到设定点以下时，控制加热炉燃料阀门的温控开关闭合，燃料控制阀通电全打开，燃料进入加热炉并燃烧，为房间提供热量。当室内温度回升到设定点之上时，温控开关打开，燃料控制阀断电关闭，加热炉中的燃烧停止，室内温度又开始下降。直到温度下降到足够低的时候，加热炉会被再次点燃。室内温度一会儿高于设定点，一会儿低于设定点，这种情况会一直交替下去。

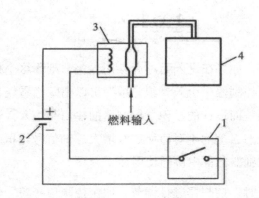

图 2-10 开关控制的室温调节系统
1—温控开关；2—电源；3—燃料控制阀；4—加热炉

开关控制模式简单、廉价且可靠，开关式控制器被广泛应用于那些容许周期振荡与设定点偏离的系统中，如自动调温炉、家用空调器、电冰箱等。

开关控制工作在全打开或是全关闭状态，无论哪种状态执行器的响应都过大，很难将输出调节到恰好符合过程的要求，因此开关控制的误差一般比较大，要获得较好的控制精度，需要引入新的控制方法。

（二）比例控制

比例控制的输出与输入误差信号成比例关系，系统一旦出现了偏差，比例调节环节立即产生调节作用，以减少偏差，调整作用的强弱与输出的偏差成比例，误差越大，输出响应越大，而误差变小时，输出响应也变小，这样控制变量将逐步被调整到设定点附近，不会像开关控制那样波动较大。

要实现比例控制，对上述的加热炉系统做两处改动：第一，用热电偶（温度传感器）代替温控开关测量室温，热电偶的输出信号与室温成正比；第二，将燃料阀换成比例阀门，比例阀的开启度正比于输入控制电压信号，输入控制电压越大，阀门开度越大，允许通过的燃料就越多，进而产生更多热量使室内温度更高。图 2-11（a）所示的就是比例控制加热炉系统，图 2-11（b）所示的是比例阀的开启度与温差之间的关系曲线，实际温度与给定温度相差越大，阀门开启度越大，升温越快。需要注意的是，本例加热系统没有制冷功能，所以当实际室温超过给定温度时，燃料阀门关闭，加热炉不工作，降温是通过室内热量自然散失来实现的。

因为比例控制系统利用设定信号与反馈信号之差产生控制信号，因此系统输出和期望值之间总是存在误差（又称为残差），比例作用大，可以加快调节，减少误差，但是过大的比例系数会使系统的稳定性下降，甚至造成系统的不稳定。如果想完全消除这个误差，需要加入积分控制。

（三）积分控制

对一个自动控制系统，如果在进入稳态后存在误差，则称这个控制系统是有稳态误差的，或简称有差系统。在控制器中引入"积分项"可以消除稳态误差。积分控制器是专为消除比例控制中的稳态误差而设计的，积分控制器的输出与输入（误差）信号对时间的积分成正比关系，它根据稳态误差的绝对值而逐渐增大控制信号。积分环节通常与比例控制环节一起在闭环系统的控制器部件中协同使用。

当误差信号首次出现时，控制器进行调节，比例控制信号随之使过程回到期望的控制点。比例控制在检测到误差后马上产生调整信号，在比例控制的动作完成之后，如果在设定点与当前控制量之间依然存在着偏差，则需要一个额外的校正信号，而这恰恰是积分控制功能能够做到的。积分控制的作用在于：只要还存在着静态误差，就会有一个虽然很小却逐渐增强的校正作用，直到将这个偏差减到零为止。

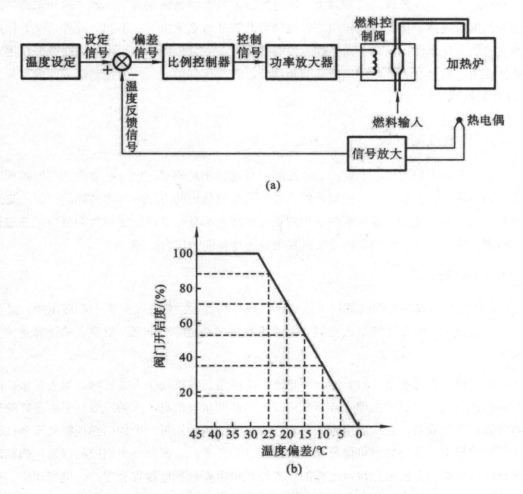

图 2-11　比例控制的室温调节系统

（a）比例控制室温调节系统框图；（b）阀门开启度与温差的关系

（四）微分控制

比例控制利用设定信号与反馈信号之差产生控制信号，比例作用大（增益高，放大倍数大），可以加快调节过程，减少误差，但是如果比例放大器的增益过高，则会增加系统的不稳定性，会有超调甚至振荡发生。通过引入微分控制模式，可以在减少超调量的同时让控制量快速返回设定点。

"微分"即为导数，代表变化率。微分控制环节的输出与其输入（误差）信号的变化率成正比。误差信号的变化越快，微分输出越大；误差信号稳定不变，则微分输出为零。可见微分调节作用具有预见性，能预见偏差变化的趋势，因此能产生超前的控制作用，在偏差还没有形成之时，已被微分调节作用消除。因此可以改善系统的动态性能，在微分时间选择合适的情况下，可以减少系统超调，从而减少调节时间。

对有较大惯性或滞后的控制对象，微分控制器能改善系统在调节过程中的动态特性，但微分作用对噪声干扰有放大作用，过强的微分调节对系统抗干扰不利。此外，微分作用是对误差的变化率做出反应，而当输入没有变化时，微分作用输出为零；因此微分作用不能单独使用，需要与另外两种调节环节相结合，组成比例微分（PD）控制器或比例积分微分（PID）控制器。

二、先进控制方法

对于大多数工程应用，经典的 PID 控制已经能够满足要求。但一些复杂的制造过程或对象，如炼油过程控制或飞行控制系统，往往需要更先进的方法来实现精确的控制。先进控制方法的目标就是为了解决那些采用常规控制效果不佳，甚至无法对付的复杂工业过程控制问题。先进控制方法的实现通常需要足够的计算能力作为支持。

（一）模糊控制

PID 控制利用数学方程或逻辑表达式来实现控制过程。但在某些类型的应用中，其数学模型非常复杂，常常无法写出它们的数学函数，或者能够写出来，但巨大的计算量使人望而却步。

模糊逻辑是人工智能（AI）的一种形式，能够使计算机模仿人的思维。当人在做决断的时候，常常通过自己的生理感知器官来接收当前的状况信息。人的反应基于由各自的知识和经验形成的规则，但最后用到的并非一成不变的规则，每一个规则都根据其重要性被赋予不同的权重。人的思维将信息按重要程度区分开来，并据此做出相应的行为。模糊逻辑就是按照相似的方式进行决策运作的。模糊理论主要包括模糊集合理论、模糊逻辑、模糊推理和模糊控制等方面的内容。它允许领域中存在"非完全属于"和"非完全不属于"等集合的情况，即为相对属于的概念；并将"属于"观念数量化，承认领域中不同的元素对于同一集合有不同的隶属度，借以描述元素和集合的关系，并进行量度。

使用模糊控制时，只须将专家对特定的控制对象或过程的控制策略总结成一系列以"IF（条件）THEN（作用）"形式表示的控制规则，而不必去建立复杂的数学公式，然后由模糊推理将控制规则根据其隶属度转换为精确的数学形式，从而可以实现计算机控制。模糊控制将估计方法应用于程序结构中，因此它的控制程序所使用的规则数量只是常规控制系统的 1/10，这就缩短了程序的编写时间，而程序执行速度也变得更快。

目前，模糊控制在工业控制领域、家用电器自动化领域和其他很多行业中已经被普遍接受并产生了积极的效益。比如洗衣机、吸尘器、化工过程中温度控制和物料配比控制，在现代汽车中，防锁定制动（ABS）系统、变速控制、车身弹性缓冲系统及巡航控制系统等中，已经广泛地使用模糊控制。

虽然模糊控制在解决复杂控制问题方面有很大的潜力，但是其设计过程复杂，而且要求具备相当的专业知识；另外，对信息简单地模糊处理将导致系统的控制精度降低和动态品质变差，若要提高精度则必然增加量化级数，从而导致规则搜索范围扩大，降低决策速度，甚至不能实时控制。模糊控制的设计尚缺乏系统性，无法定义控制目标；控制规则的选择、域的选择、模糊集的定义、量化因子的选取多采用试凑法，这对复杂系统的控制是难以奏效的。所以，寻找合适的数学工具是模糊控制需要克服的根本问题。

（二）最优化控制

控制系统的最优控制问题一般定义为：对于某个由动态方程描述的系统，在某初始和终端状态条件下，从系统所允许的某控制系统集合中寻找一个控制，使得给定的系统的性能目标函数达到最优。

经典控制理论在已知控制对象传递函数的基础上分析系统的稳定性、快速性（过渡过程的快慢）及稳态误差等；现代控制理论在状态方程和输出方程的基础上分析系统的稳定性、能控性、能观性等。综合（或设计）的任务是设计系统控制器，使闭环反馈系统达到要求的各种性能指标。经典控制里采用的是常规综合，设计指标要满足系统的某些笼统的要求（基于传递函数的频域指标），如稳定性、快速性及稳态误差，而现代控制采用的是最优综合（控制），设计指标是要确保系统某种指标最优，如最短时间、最低能耗等。现代控制中主要采用内部状态反馈，而经典控制理论中主要采用输出反馈，状态反馈可以为系统控制提供更多的信息反馈，从而实现更优的控制。

最优控制理论是现代控制理论中的重要内容，近几十年的研究与应用，使最优控制理论成为现代控制论中的一大分支。计算机的发展已使过去认为不能实现的复杂计算成为很容易的事，所以最优控制的思想和方法已在工程技术实践中得到越来越广泛的应用。应用最优控制理论和方法可以在严密的数学基础上找出满足一定性能优化要求的系统最优控制律，这种控制律可以是时间的显式函数，也可以是系统状态反馈或系统输出反馈的反馈律。常用的最优化求解方法有变分法、最大值原理及动态规划法等。最优控制理论的应用领域十分广泛，如时间最短、能耗最小、线性二次型指标最优、跟踪问题、调节问题和伺服机构问题等。但它在理论上还有不完善的地方，其中两个重要的问题就是优化算法中的鲁棒性问题和最优化算法的简化及实用性问题。

三、伺服控制基础

伺服控制又称运动控制，是指对物体运动的有效控制，即对物体运动的速度、位置、加速度等参数进行控制。

伺服控制系统是一种能够跟踪输入指令信号进行动作，从而获得精确的位置、速度及动力输出的自动控制系统。伺服控制系统具有以下三个共同的性质：①伺服控制系统控制的是机械对象的位置、速度、加速或减速；②控制对象的运动和位置都是可测的；③伺服装置的输入信号通常变化很快，系统的任务就是尽可能迅速、准确地跟踪输入信号的变化。

（一）伺服控制系统的类型

按控制变量分类，可分为位置、速度和转矩控制系统。

1. 位置控制系统

位置控制是将物体移至某一指定位置。以步进电动机伺服控制为例，位置控制一般是通过外部输入脉冲的个数来确定步进电动机转动的角度／位移，转动／移动速度的大小则通过脉冲的频率来确定。也有些伺服控制通过通信方式直接对速度／位移进行赋值。位置控制系统除了要保证定位精度外，对定位速度、加／减速也有一定的要求。

2. 速度控制系统

速度是指物体在某个时间段内的位移量。不同的生产过程对速度的要求也不同，实际生产中要求高速运动的例子有自动贴片机，它的功能是将电子元件贴装到印制电路板上。某些生产过程对速度调节的要求非常高，速度调节可以使系统在不同的负载下保持速度不变，如机床主轴就需要进行速度调节，对不同的工件进行加工时，主轴需要保持一个恒定的速度。

3. 加速／减速控制

加速／减速控制是指在一定时间段内控制速度的变化量，而变化量的大小受惯性、摩擦力及重力的影响。

4. 转矩控制系统

转矩是一种使物体转动的旋转力。转矩控制用于控制电动机输出转矩，保证提供足够的力矩，驱动负载按规定的规律运动。主要应用在对材质的受力有严格要求的缠绕和放卷的装置中，例如绕线装置或拉光纤设备，电动机的输出转矩要根据缠绕半径的变化而变化，以确保材质的受力不会随着缠绕半径的变化而波动。

（二）伺服控制系统的构成单元

机电一体化的伺服控制系统的结构、类型繁多，但从自动控制理论的角度来分析，控制系统一般由操作员界面、控制器、执行器、反馈检测等几部分组成。

1. 操作员界面

操作员界面是操作员与控制系统之间进行联系的工具，包括输入设备和显示终端。输入设备包括键盘、拨动开关和通信接口等。显示终端包括指示灯、监视屏幕等。用户通过操作员界面设置或查看伺服控制系统的各种工作参数或状态信息。

2. 控 制 器

控制器是控制系统的大脑，控制器收集命令信号、反馈信号、参数调整信号（比如增益设置），以及其他的一些数据。这些信息经过控制器处理后，变成合适的控制信号送入放大器。伺服控制器有许多种，有一些是针对特定应用而设计的专用控制器，如针对数控机床、自动焊接、激光切割等特殊操作或应用设计的专用控制器，更多的是为实现通用功能的控制器，它们可以同时协调几个控制操作，实现高速的数学运算，并与其他的控制器进行通信。

（1）运动控制芯片

运动控制芯片是专门为精密控制步进电动机和伺服电动机而设计的处理器。用户使用运动控制芯片后，原本复杂的运动控制问题就可以变得相对简单。所有实时运动控制可交由运动控制芯片来处理，其中包括匀速和变速脉冲的发生、升降速规划、直线和圆弧插补、原点及限位开关管理、编码器计数等。主控器（单片机或计算机）只须向芯片发出简单指令，即可完成各种复杂运动，可将主控器自身资源主要用于人机接口（键盘、显示等）及输入／输出（I/O）监控，大大简化了运动控制系统的软硬件结构和开发工作。

运动控制芯片在数控机床、电脑雕刻机、工业机器人、医用设备、自动仓库、绕线机、绘图仪、点胶机、电路制造设备、芯片装片机、IC 电路板等领域有广泛的实际运用，取得非常好的效果。

（2）嵌入式微控制器

嵌入式微控制器又称单片机，顾名思义，就是将整个计算机系统集成到一块芯片中。嵌入式微控制器一般以某一种微处理器内核为核心，芯片内部集成 ROM/EPROM、RAM、总线、总线逻辑、定时／计数器、Watchdog、I/O、串行口、脉宽调制输出、A/D、D/A、Flash RAM、EEPROM 等各种必要硬件，虽其性能无法与通用计算机相比，但体积小、成本和功耗低等优点，使得其应用非常广泛。比如，常见的电子秤、智能电饭煲、变频空调器、电视机等，内部都有单片机；工业上的应用更是无处不在。为适应不同的应用需求，一般一个系列的单片机具有多种衍生产品，每种衍生产品的处理器内核都是一样的，不同的是存储器和外设的配置及封装。这样可以使单片机最大限度地与应用需求相匹配，功能不多不少，从而减少功耗和成本。微控制器是目前嵌入式工业系统的主流。

（3）嵌入式 DSP 处理器

DSP 处理器对系统结构和指令进行了特殊设计，使其适合于执行数字信号处理算法，编译效率较高，指令执行速度也较高。在数字滤波、FFT、谱分析等方面，DSP 算法正在大量进入嵌入式领域。DSP 应用正在从通用单片机中以普通指令实现 DSP 功能，过渡到采用嵌入式 DSP 处理器。嵌入式 DSP 处理器有两个发展来源：一是 DSP 处理器经过单片化、

EMC 改造，增加片上外设，成为嵌入式 DSP 处理器，如美国 TI 公司的 TMS320C2000/C5000 等；二是在通用单片机或 SOC 中增加 DSP 协处理器，例如 Intel 的 MCS-296 和 Siemens 的 TriCore。微电子制造工艺的日臻完善，使得 DSP 运算速度呈几何级数上升，达到了伺服环路高速实时控制的要求，一些运动控制芯片制造商还将电动机控制所必需的外围电路（如 A/D 转换器、位置 / 速度检测、倍频计数器、PWM 发生器等）与 DSP 内核集成于一体，使得伺服控制回路的采样时间达到 100μs 以内，如 TMS320C2000，由单一芯片实现自动加、减速控制，电子齿轮同步控制，位置、速度、电流三环的数字化补偿控制。一些新的控制算法如速度前馈、加速度前馈、低通滤波、凹陷滤波等得以实现。嵌入式 DSP 处理器比较有代表性的产品有 Texas Instruments 的 TMS320 系列和 Motorola 的 DSP56000 系列。

（4）工业控制计算机

将个人电脑（Personal Computer，PC）用于控制系统，它具有传统的 PLC 所无法比拟的特性：个人电脑高速的 CPU 和大容量的内存、硬盘，使得基于 PC 的（PC-Based）控制方案在大规模的、具有大量过程控制和需要复杂数学运算的应用中具有先天的优势；个人电脑能很方便地与各种通用的通信网络和现场总线相连，这样在 I/O 硬件的选择上就非常灵活；运行在个人电脑上的 PC-Based 控制软件能很方便地与其他程序交换数据，这样用户可以根据控制的要求构造自己的应用环境。个人电脑拥有巨大的开发队伍和应用群体，新的硬件和软件层出不穷，性能越来越高，价格越来越低，维护和支持非常方便，使那些专用的控制系统无法望其项背。所有的这一切，使得 PC-Based 控制进入了高速发展、广泛应用的新时代，对传统的工业控制方案形成了强大的冲击，给工业控制领域带来了革命性的变化。先进、灵活、通用、开放、简便是 PC-Based 控制方案最吸引人的地方。当然，用于工业现场的 PC 不是普通的家用 PC，而是在机箱、电源、风扇、主板等硬件上进行特别设计的工业计算机（IPC），操作系统一般采用 Windows 2000、Windows XP、Linux 和 Unix 等的工作站或服务器，以获得更强的稳定性。在 IPC 中插入数据采集、I/O 图像采集、运动控制和通信等插卡，再针对工艺要求编制或组态控制软件，便构成了 PC-Based 控制系统。

随着集成电路技术、微电子技术、计算机技术和网络技术的不断发展，运动控制器已经从以单片机或微处理器作为核心的运动控制器和以专用芯片（ASIC）作为核心处理器的运动控制器，发展到了基于 PC 总线的以 DSP 和 FP-GA 作为核心处理器的开放式运动控制器。这类开放式运动控制器以 DSP 芯片作为运动控制器的核心处理器，以 PC 机作为信息处理平台，运动控制器以插卡形式嵌入 PC 机，即"PC+ 运动控制器"的模式。这样将 PC 机的信息处理能力和开放式的特点与运动控制器的运动轨迹控制能力有机地结合在一起，具有信息处理能力强、开放程度高、运动轨迹控制准确、通用性好的特点。这类运动控制器充分利用了 DSP 的高速数据处理功能和 FPGA 的超强逻辑处理能力，便于设计出功能完善、性能优越的运动控制器。这类运动控制器通常都能提供板上的多轴协调运动控制与复杂的运动轨迹规划、实时的插补运算、误差补偿、伺服滤波算法，能够实现闭环控制。由于采用 FPGA 技术来进行硬件设计，方便了运动控制器供应商根据客户的特殊工艺要求和技术要求进行个性化的订制，形成独特的产品。

3. 执行器

执行器模块可以进行线性或旋转运动，伺服控制执行器通常是电动机和液压马达等。在伺服控制中，用以驱动负载的电动机的种类很多。

（1）直流有刷电动机

直流有刷电动机控制简单、响应快速、启动转矩高、输出转矩稳定，而且造价便宜。但是由于使用电刷的缘故，对维护的要求比较高。

（2）直流无刷电动机

直流有刷电动机的转子由换向器、铁芯和线圈组成。由于这些部件都是金属元件，因此整个转子比较重，转子的惯性也就比较大。在定位操作中，通常不希望转子的启动惯性和停车惯性过大。直流无刷电动机用电子换向器取代了机械换向器，并将线圈换成了永磁体，减少了转子的质量，从而使其惯性变小。它的定子由多相绕组组成，当绕组被半导体开关电路激活后，产生一个旋转的磁场。定子磁场和永磁体磁场之间的相互作用使得转子开始旋转。当要求比较小的转子惯性和较大的转矩及速度调节范围时，可以使用直流无刷电动机。

（3）交流伺服电动机

交流伺服电动机的工作原理和分相感应电动机的工作原理类似。加在两个定子线圈上的电压的相位差为 90°，定子中可以产生旋转的磁场。主绕组中的一相电压是由交流电源提供的，辅助绕组中的另一相电压则由伺服驱动放大器提供。磁力线的运动使得转子开始转动，电动机的转速也就是磁场的转速。由于转子有磁极，所以在极低频率下也能旋转运行，因此它比异步电动机的调速范围更宽。伺服放大器可以改变辅助绕组的磁场强度，当场强变化时，电动机的速度也会发生变化；如果磁场变弱，那么电动机的转速变低；当场强减小为零时，电动机停止转动。交流伺服电动机的转矩和速度呈线性关系。而与直流伺服电动机相比，它没有机械换向器，没有碳刷，没有换向时产生的火花和对机械造成的磨损。另外，交流伺服电动机自带编码器，随时将电动机运行的情况反馈给驱动器，驱动器根据反馈信号，精确控制电动机的转动。

（4）感应电动机

感应电动机是指定子和转子之间靠电磁感应作用，在转子内感应电流，以实现机电能量转换的电动机。感应电动机的优点是结构简单、制造方便、价格便宜、运行方便；缺点是功率因素滞后、轻载时功率因数低、调速性能稍差。矢量逆变器被开发出来之前，在伺服系统中一般都不使用感应电动机。这是因为这种电动机转子电路的感应延迟使得它的响应比较慢。矢量逆变器通过改变定子电压的大小和同步频率来控制感应电动机的速度和位置。定子的旋转磁场使转子线圈内产生一个感应电流，将转子转动。当转子线圈的旋转速度小于同步速度时，就会产生磁感应现象。当同步频率比较低时，感应现象并不明显。因此在伺服控制中，感应电动机通常只用于高速运行或高速定位。

（5）步进电动机

步进电动机是将电脉冲信号转变为角位移或直线位移的机电执行元件。

如数控装置输出的进给脉冲经驱动控制电路到达步进电动机后，转换为工作台的位移；进给脉冲的数量、频率和方向对应了工作台的进给位移量、进给速度和进给方向。在额定负载的情况下，步进电动机的转速和停止的位置取决于脉冲信号的频率和脉冲数，而不受负载变化的影响，即给电动机加一个脉冲信号，电动机则转过一个步距角；此外，步进电动机只有周期性的误差而无累积误差。在速度、位置等控制领域采用步进电动机可以构成简单可靠的开环运动控制系统。但开环控制容易发生失步或过冲，导致定位不准，特别是启动或停止的时候，如果实际需要的转矩大于步进电动机所能提供的转矩，或转速过高，就会发生失步或过冲现象。为了克服步进失步和过冲现象，应该在步进电动机启动或停止时加入适当的加或减速控制；也可以加入反馈装置（如编码器）构成闭环系统，来改善步进电动机定位的精确性。

第三章　加工设备自动化

第一节　加工设备自动化的意义及分类

一、加工设备自动化的意义

各类金属切削机床和其他机械加工设备是机械制造的基本生产手段和主要组成单元。加工设备生产率得到有效提高的主要途径之一是采取措施缩短其辅助时间。加工设备工作过程自动化可以缩短辅助时间，改善工人的劳动条件和减轻工人的劳动强度，因此，世界各国都十分注意发展机床和加工设备的自动化。不仅如此，单台机床或加工设备的自动化，能较好地满足零件加工过程中某个或几个工序的加工半自动化和自动化的需要，为多机床管理创造了条件，是建立自动生产线和过渡到全盘自动化的必要前提，是机械制造业更进一步向前发展的基础。因此，加工设备的自动化是零件整个机械加工工艺过程自动化的基本问题之一，是机械制造厂实现零件加工自动化的基础。

二、自动化加工设备的分类

随着科学技术的发展，加工过程自动化水平不断提高，使得生产率得到了很大的提高，先后开发了适应不同生产率水平要求的自动化加工设备，主要有以下几类。

（一）全（半）自动单机

该类设备又分为单轴和多轴全（半）自动单机两类。

它利用多种形式的全（半）自动单机固有的和特有的性能来完成各种零件和各种工序的加工，是实现加工过程自动化普遍采用的方法。机床的形式和规格要根据需要完成的工艺、工序及坯料情况来选择；此外，还要根据加工品种数、每批产品和品种变换的频度等来选用控制方式。在半自动机床上有时还可以考虑增设自动上下料装置、刀库和换刀机构，以便实现加工过程的全自动。

（二）专用自动机床

该类机床是专为完成某一工件的某一工序而设计的，常以工件的工艺分析作为设计机床的基础。其结构特点是传动系统比较简单，夹具与机床结构的联系密切，设计时往往作为机床的组成部件来考虑，机床的刚性一般比通用机床要好。这类机床在设计时所受的约束条件较少，可以全面地考虑实现自动化的要求。因而，从自动化的角度来看，它比改装通用机床优越。但是，有时由于新设计的某些部件不够成熟，要花费较多的调整时间。如果用于单件或小批量生产，则造价较高，只有当产品结构稳定、生产批量较大时才有较好的经济效果。

（三）组合机床

该类机床由 70% ～ 90% 的通用零部件组成，可缩短设计和制造周期，可以部分或全部改装。组合机床是按具体加工对象专门设计的，可以按最佳工艺方案进行加工，加工效率和自动化程度高；可实现工序集中，多面多刀对工件进行加工，以提高生产率；可以在一次装夹下多轴对多孔加工，有利于保证位置精度，提高产品质量；可减少工件工序间的搬运。机床大量使用通用部件使得维护和修理简化，成本降低。主要用于箱体、壳体和杂体类零件的孔和平面加工，包括钻孔、扩孔、镗孔、铰孔、车端面、加工内外螺纹和铣平面等，转塔动力箱或可换主轴箱的组合机床，可适用于中等批量生产。

（四）数控机床

数控（NC）机床是一种用数字信号控制其动作的新型自动化机床，它按指定的工作程序、运动速度和轨迹进行自动加工。现代数控机床常采用计算机进行控制，即称为 CNC，加工工件的源程序（包括机床的各种操作、工艺参数和尺寸控制等）可直接输入具有编程功能的计算机内，由计算机自动编程，并控制机床运行。当加工对象改变时，除了重新装夹零件和更换刀具外，只须更换数控程序，即可自动地加工出新零件。数控机床主要适用于加工单件、中小批量、形状复杂的零件，也可用于大批量生产，能提高生产率，减轻劳动强度，迅速适应产品改型。在某些情况下，具有较高的加工精度，并能保证精度的一致性，可用来组成柔性制造系统或梁性自动线。

（五）加工中心

数控加工中心(MC)是带有刀库和自动换刀装置的多工序数控机床，工件经一次装夹后，能对两个以上的表面自动完成铣、镗、钻、铰等多种工序的加工，并且有多种换刀或选刀功能，使工序高度集中，显著减少原先需多台机床顺序加工带来的工件装夹、调整机床间工件运送和工件等待时间，避免多次装夹带来的加工误差，使生产率和自动化程度大大提高。根据功能可将其分为镗铣加工中心、车削加工中心、磨削加工中心、冲压加工中心以及能自动更新多轴箱的多轴加工中心等。加工中心适用于加工复杂、工序多、要求较高、需各种类型的普通机床和众多刀具夹具、须经过多次装夹和调整才能完成加工的零件，或者是形状虽简单，但可以成组安装在托盘上，进行多品种混流加工的零件，可适用于中小批量生产，也可用于大批量生产，具有很高的柔性，是组成柔性制造系统的主要加工设备。

（六）柔性制造单元

柔性制造单元（FMC）一般由1～3台数控机床和物料传输装置组成。单元内设有刀具库、工件储存站和单元控制系统。机床可自动装卸工件、更换刀具、检测工件的加工精度和刀具的磨损情况，可进行有限工序的连续加工，适于中小批量生产应用。

（七）加工自动线

加工自动线是由工件传输系统和控制系统将一组自动机床和辅助设备按工艺顺序连接起来，可自动完成产品的全部或部分加工过程的生产系统，简称自动线。在自动线工作过程中，工件以一定的生产节拍，按工艺顺序自动经过各个工位，完成预定的工艺过程。按使用的工艺设备分，自动线可分为通用机床自动线、专用机床自动线、组合机床自动线等类型。采用自动线生产可以保证产品质量、减轻工人劳动强度、获得较高的生产率。其加工工件通常是固定不变的或变化很小，因此只适用于大批量生产场合。

第二节　自动化加工设备的特殊要求及实现方法

一、提高生产率

自动化生产的主要目的是提高劳动生产率和机器生产率，这是机械制造自动化系统高效率运行必须解决的基本问题。在工艺过程实现自动化时，采用的自动化措施都必须符合不断提高生产率的要求。

生产率可以用单位时间内制造出来的产品数量（件/min 或份/h）来表示。

$$Q = 1/T_d \tag{3-1}$$

式中：Q ——生产率（件/min）；

T_d ——制造产品的单件时间（min）。

其中，单件时间为：

$$T_d = t_g + t_f \tag{3-2}$$

式中：t_g ——工作行程时间（min）；

t_f ——辅助时间或空行程时间，即循环内损失时间（min）包括空行程、上下料、检验和清除机床上的切屑等。

生产率又可表示为：

$$Q = 1/\left(t_g + t_f\right) = \frac{1/t_g}{1 + t_f/t_g} \qquad (3\text{-}3)$$

$$Q = \frac{K}{1 + Kt_f}$$

式中：K——理想的工艺生产率，$K = 1/t_g$。

以 K 为横坐标、Q 为纵坐标，根据不同的 t_f 值，可将式（3-3）作成曲线图，如图 3-1 所示。从图中可以看出：①当 t_f 为某一定值时（例如 t_{f1}），虽然减少切削时间（增加 K），开始生产率 Q 有较显著的增长，但往后由于 t_f 的比重相对增大，生产率 Q 的提高就愈来愈不显著了；②如果进一步减少 t_f，则 t_f 愈小，增加 K 时生产率 Q 的提高就愈显著；③当切削时间 t_g 愈少时，减少 t_f 对提高生产率 Q 的收效愈大。

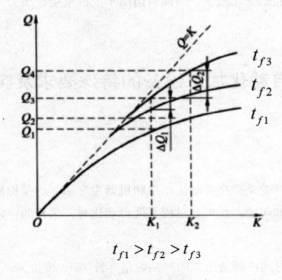

$$t_{f1} > t_{f2} > t_{f3}$$

图 3-1　机床生产率曲线

由此可见，t_g 和 t_f 对机床生产率的影响是相互制约和相互促进的。当生产工艺发展到一定水平，即工艺生产率 K 提高到一定程度时，必须提高机床自动化程度，进一步减少空程辅助时间，促使生产率不断提高；另外，在相对落后的工艺基础上实现机床自动化，生产率的提高是有限的，为了取得良好的效果，应当在先进的工艺基础上实现机床自动化。

如果按照较长一段时间来确定机床的生产率，则其生产率还要低些。因为在机床工作时，除了加工循环内时间损失外，还有加工循环外时间消耗，即机床的停顿也要影响到机床的生产率。引起机床停顿的原因，可能有更换磨损了的刀具，修理机床，调整个别自动机构，重新装料，加工对象变更时的重调整，以及有关组织方面的原因使生产停顿而分摊到每个产品中的时间消耗。如果考虑了循环外的时间消耗，则机床的生产率应为：

$$Q = 1/T_d = 1/\left(t_g + t_f + t_w\right) \tag{3-4}$$

式中：t_g——工作行程时间（min）；

t_f——空行程时间，即循环内损失时间（min）；

t_w——循环外损失时间，即机床在某一时期内停顿而分摊到每一个零件上的时间（min）。

使 T_d 最小，即 $\left(t_g + t_f + t_w\right)$ 最小，才能使生产率 Q 值最大，所以 Q 的提高可以通过同时减少 $\left(t_g + t_f + t_w\right)$ 来实现。

T_d 的减少，可以来用提高加工速度（例如采用先进的工艺方法、高效率的加工工具、高参数的切削用量和高效率的自动化设备等）来实现。但过分增大切削速度会由于刀具磨损加快、换刀时间增多等原因，使生产率下降。所以，还应同时减少 t_f 和 t_w，才能显著提高生产率。

可以把 t_f 和 t_w 分为以下几类损失并采取相应的措施加以解决。

（一）减少与加工工作有关的时间消耗

用建立连续自动线、采用快速的自动化空行程机构、自动检验、自动排除切屑和周期性装料的机械手及自动化装置来减少。

（二）减少与刀具有关的时间损失

可通过设置刀具储存库、自动换刀机械手、刀具自动调节装置、自锐装置、强制性换刀等措施来减少。

强制性换刀，就是对一个工位或一个多轴箱上的刀具进行一定的正常切削条件下切削次数统计，得出刀具刃磨一次所能进行正常加工的最小次数，然后按该最小次数来控制该工位或多轴箱上所有刀具的换刀时间。

（三）减少与自动化设备有关的时间损失

可采用自动补偿磨损和自动减少磨损的机构、自动防护装置、优良的耐磨材料及合理的维修制度和自动诊断系统等来减少。

（四）减少由于交接班和缺少毛坯引起的时间损失

可以设置工序间、生产线间、工段间、车间的自动化储料仓，采用自动记录仪和电子计算机管理等方法来减少这类时间损失。

（五）减少与废品有关的时间损失

可以采用各种主动的工艺过程中的自动检验装置、自适应控制系统、刀具磨损的自动补偿装置等，来自动调节机构参数和工件的几何参数，以及采用强制性换刀等措施，以有效地降低废品，减少与废品有关的时间损失。

（六）减少重调整及准备结束时间

用现代化的数控自动机、工艺可变的柔性自动线、计算机控制的可变加工系统及自动线，或设置各种各样的"程序控制"和"程序自动转换装置""工夹具快速调整"等机构，都能使自动生产时的重调整时间和准备结束时间减少到最低限度。

采用上述的相应措施，力求使相应的时间损失减到最小，使自动化机床的生产率不断提高。

二、加工精度的高度一致性

产品质量的好坏，是评价产品本身和自动加工系统是否具有使用价值的重要标准。保证产品加工精度，防止工件发生成批报废，是自动化加工设备工作的前提。

影响加工精度的因素包括以下几个方面。

（一）由刀具尺寸磨损所引起的误差

加工零件时，刀具的尺寸磨损往往是对加工表面的尺寸精度和形状精度产生决定性影响的因素之一。在自动化加工设备上设置工件尺寸自动测量装置，或以切削力或力矩、切削温度、噪声及加工表面粗糙度为判据刀具磨损进行间接测量的装置，也可在线自动检测出刀具磨损状况，并将测量、检测的结果经转换后由控制系统控制刀具补偿装置进行自动补偿，借以确保加工精度的一致性。在没有自动检测及刀具补偿装置的设备中，可以以刀具寿命为判据进行强制性换刀，这种方法在加工中心和柔性制造系统中应用最广，且刀具寿命数据和已用切削时间由计算机控制。

（二）由系统弹性变形引起的加工误差

在加工系统刚性差的情况下，系统的弹性变形可引起显著的加工误差，尤其在精加工中，工艺系统的刚度是影响加工精度和表面粗糙度的因素之一；为中、大批量生产而采用的专用机床、组合机床及自动化生产线，一般是专为某一产品或同一族产品的某一工序专门设计，可以在设计中充分考虑加工条件下的力学特性，保证机床有足够的刚度。

（三）切削用量对表面质量的影响

切削用量的选择对加工表面粗糙度有一定的影响。自动化加工设备在保证生产率要求的同时，合理地选用切削用量，满足对工件加工表面质量的要求。

（四）机床的尺寸调整误差引起的加工误差

在自动化生产中，零件是在已调整好的机床上加工，采用自动获得尺寸的方法来达到规定的尺寸精度，因此，机床本身的尺寸调整及机床相对工件位置的调整精度对保证工件的加工精度有重大的意义。自动化加工设备在正式生产前都应按所要求的调整尺寸进行调整，并按规定公差调好刀具。调整方法：可以根据样件和对刀仪器进行调整，也可通过试切削进行调整。

三、自动化加工设备的高度可靠性

产品的质量和加工成本以及设备的生产率取决于机械加工设备的工作可靠性。设备的实际生产率随着其工作可靠性的提高而接近于设计设定理论值，且充分地发挥了设备的工作能力。

通常，设备是由下列四种原因而停机：①设备的各种装置（如机床各部件、夹具、输送装置、液压装置、电气设备、控制系统元件等）的工作故障；②刀具的工作故障；③设备定期计划停机；④因组织原因而停车（如缺少毛坯、刀具等）。

故障可分为两类：第一类是设备的各种机构和装置的工作故障；第二类是不能保证规定加工精度的故障。

故障类型可按故障密度（故障率）随运转时间而变化的模式来辨识，基本上可分为三种。

（一）初期故障

这类故障出现在设备运转的初始阶段，设备故障出现的概率在开始时最高，故障密度随着时间的增加而迅速减少。初期故障主要是基于固有的不可靠性，如材料的缺失、不成熟的设计、不精细的制造和开始时的操作失误。查出这类故障并使设备运转稳定是很重要的。故障率的迅速降低是由于掌握了设备的操作要领，排除了所发现的制造缺陷和配合件的运转磨合的结果。

（二）偶然（随机）故障

在此阶段，故障密度稳定，故障随机地出现往往是由于对设备突然加载超过了允许强度或未估计到的应力集中等。

（三）磨损故障

由零件的机械磨损、疲劳、化学腐蚀及与使用时间有关的材料性质改变等引起，此时故障密度随时间延长而急剧上升。

上述三类故障与生产保养密切相关。在初期故障期，增加检查次数以查明故障原因极为重要，并应将信息送回设计制造部门以便改进或修正保养措施，健全的质量管理措施可以把初期故障减到最小。在偶然故障期间，日常保养如清洗、加油和重新调节等应当与检查同时进行，力求减少故障率以延长有效寿命。在磨损故障期内，设备变坏或磨损，应采用改善的保养措施来减少故障密度和减缓磨损。

设备工作的可靠性，取决于设备元件的可靠性、元件的数量及其连接方式。对于串联连接的自动线来说，在刚性输送关系的条件下，一个元件的失效会引起全线停车，这时把自动线分段可提高整条自动线的可靠性和生产率。

设备的可靠性取决于运行时的无故障水平及修理的合适性，实施综合的设计措施和工艺措施以及采用合理的使用规程可提高其无故障特性。不断地改进结构并改善其制造工艺，可随着时间的推移而提高利用系数和生产率。改进设备元件的结构，在设备运转时及时查明损坏的系统，就能提高修理的合适性。对于易发生故障的易损零部件和机构，应采用快速装拆的连接结构，用备件来成组更换特别有效，此时，由技术方面引起的故障可在短时间内排除。并联一个相同元件或备用分支系统，采用备用手动控制和管理都可以减少停机时间，从而提高可靠性。

四、自动化加工设备的柔性

由于产品需求日益多样化，更新换代加快，产品寿命周期缩短，多品种批量（尤其是中小批量）生产已是机械制造业生产形态的主流。因此，对自动化加工设备的柔性要求也越来越高。柔性主要表现在加工对象的灵活多变性，即可以很容易地在一定范围内从一种零件的加工更换为另一种零件的加工的功能。柔性自动化加工是通过软件来控制机床进行加工，更换另一种零件时，只须改变有关软件和少量工夹具（有时甚至不必更换工夹具），一般不须对机床、设备进行人工调整，就可以实现对另一种零件的加工，进行批量生产或同时对多个品种零件进行混流生产。这将显著地缩短多品种生产中设备调整和生产准备时间。

对用于中小批量生产的自动化加工系统，应考虑使其具有以下一些机能。

（一）自动变换加工程序的机能

对于自动化加工设备，可以设置一台或一组电子计算机，或用可编程控制器，作为它的生产控制及管理系统，就可以使系统具备按不同产品生产的需要，在不停机的情况下，方便迅速地自动变更各种设备工作程序的机能，减少系统的重调整时间。

（二）自动完成多种产品或零件加工的机能

在加工系统中所设置的工件和随行夹具的运输系统以及加工系统都具有相当大的通用性和较高的自动化程度，使整个系统具备在成组技术基础上自动完成多个产品或零件族的加工的机能。

（三）对加工顺序及生产节拍随机应变的机能

具有高度柔性的加工系统，应具有对各种产品零件加工的流程顺序以及生产节拍随机变换的机能，即整个系统具有能同时按不同加工顺序以不同的运送路线，按不同的生产节拍加工不同产品的机能。

（四）高效率的自动化加工及自动换刀机能

采用带刀库及自动换刀装置的数控机床，能使系统具有高效率的自动加工及自动换刀机能，减少机床的切削时间和换刀时间，使系统具有较高的生产率。

（五）自动监控及故障诊断机能

为了减少加工设备的停机时间和检验时间，保证设备有良好的工作可靠性和加工质量，可以设置生产过程的自动检验、监控和故障诊断装置，从而提高设备的工作可靠性，减少停机及废品损失。

并不是所有设备都要求达到以上机能，可以根据具体生产要求和实际情况，对设备提出不同规模和功能的柔性要求，并采取相应的实施措施。

另外，对于用于少品种大批量生产的刚性加工系统，也应考虑增加一些柔性环节。例如，在组成刚性自动线的设备中也可以使用具有柔性的数控加工单元，或者使用主轴箱可更换式数控机床，以增加对产品变换的适应性和加工的柔性。在由刚性输送装置组成的工件运输系统中可以设置中间储料仓库，增加自动线间连接的柔性，避免由于某一单元的故障造成整个系统的停机时间损失。

第三节　单机自动化方案与数控机床加工中心

一、单机自动化方案

单机自动化是大批量生产提高生产率、降低成本的重要途径。单机自动化往往具有投资省、见效快等特点，因而在大批量生产中被广泛采用。

（一）实现单机自动化的方法

实现单机自动化的方法概括起来有以下四种，分别叙述如下：

1. 采用通用自动化或半自动机床实现单机自动化

这类机床主要用于轴类和盘套类零件的加工自动化，例如单轴自动车床、多轴自动车床或半自动车床等。使用单位一般可根据加工工艺和加工要求向制造厂购买，不须特殊订货。这类自动机床的最大特点是可以根据生产需要，在更换或调整部分零部件（例如凸轮或靠模等）后，即可加工不同零件，适合于大批量多品种生产。因此，这类机床使用比较广泛。

2. 采用组合机床实现单机自动化

组合机床一般适合于箱体类和杂件类（例如发动机的连杆等）零件的平面、各种孔和孔系的加工自动化。组合机床是一种以通用化零部件为基础设计和制造的专用机床，一般只能对一种（或一组）工件进行加工，往往能在同一台机床上对工件实行多面、多孔和多工位加工，加工工序可高度集中，具有很高的生产率。由于这台机床的主要零部件已通用化和批量生产，因此，组合机床具有设计、制造周期短，投资省的优点，是箱体类零件和杂体类零件大批量实现单击自动化的重要手段。

3. 采用专用机床实现单机自动化

专用机床是为一种零件（或一组相似的零件）的一个加工工序而专门设计制造的自动化机床。专用机床的结构和部件一般都是专门设计和单独制造的，这类机床的设计、制造时间往往较长，投资也较多，因此采用这类机床时，必须考虑以下基本原则：①被加工的工件除具有大批量的特点外，还必须结构定型。②工件的加工工艺必须是合理可靠的。在大多数情况下，需要进行必要的工艺试验，以保证专用机床所采用的加工工艺先进可靠，所完成的工序加工精度稳定。③采用一些新的结构方案时，必须进行结构性能试验，待取得较好的结果后，方能在机床上采用。④必须进行技术经济分析。只有在技术经济分析认为效益明显后，才能采用专用机床实现单机自动化。

4. 采用对通用机床进行自动化改装实现单机自动化

在一般机械制造厂中，为了充分发挥设备潜力，可以通过对通用机床进行局部改装，增加或配置自动上、下料装置和机床的自动工作循环系统等，实现单机自动化。由于对通用机床进行自动化改装要受被改装机床原始条件的限制，要按被加工工件的加工精度和加工工艺要求来确定改装的内容，而且各种不同类型和用途的机床具有各不相同的技术性能和结构，被加工工件的工艺要求也各不相同，所以改装涉及的问题比较复杂，必须有选择地进行改装。总的来说，机床改装投资少、见效快，能充分发挥现有设备的潜力，是实现单机自动化的重要途径。

（二）单机自动化方案

在机械制造业的工厂中，拥有大量的、各种各样的通用机床。为了提高劳动生产率，减轻工人的劳动强度，对这类机床进行自动化改装，以实现工序自动化，或用以连成自动线，是进行技术改造、挖掘现有设备潜力的途径之一。自动化机床的"自动"主要体现在加工循环自动化、装卸工件自动化、刀具自动化和检测自动化四个方面，其自动化大大减少了空程辅助时间，降低了工人的劳动强度，提高了产品质量和劳动生产率。

1.加工过程运动循环自动化

加工过程运动循环是指在工件的一个工序的加工过程中，机床刀具和工件相对运动的循环过程。切削加工过程中，刀具相对于工件的运动轨迹和工作位置决定被加工零件的形状和尺寸，实现了机床运动循环自动化，切削加工过程就可以自动进行。

自动循环可以通过机械传动、液压传动和气动－液压传动方法实现。对于比较复杂的加工循环，一般采用继电器程序控制器控制其动作，采用挡块或各种传感器控制其运动行程。

（1）机械传动系统运动循环自动化

①运动的接通和停止

在机械传动系统中，运动的接通和停止有三种方式，分别是凸轮控制、挡块—杠杆控制、挡块—开关—离合器控制。三种控制方式的原理及优缺点如下：

凸轮控制，其控制原理是在分配轴上安装不同形状的凸轮，通过操纵杠杆或行程开关控制各执行机构。主要适于大批量生产中的单一零件加工，受机床结构影响较大，应用较多。

挡块—杠杆控制，其控制原理是运动部件上的挡块碰撞杠杆操纵离合器或运动部件。其特点是控制简单，受机床结构影响较大，操纵系统磨损大，应用较少。

挡块—开关—离合器控制，其控制原理是运动部件上的挡块压下行程开关，通过电磁铁、气缸或液压缸操纵离合器或运动部件。其特点是机械结构较简单，容易改变程序，但控制系统比较复杂，应用较多。

②快速空行程运动和工作进给的自动转换

机床自动化改装时，要求机床快速运动，以缩短空行程时间。在机床传动系统中，快速运动既可来自主传动装置中某一根中间轴，也可用单独的快速电动机驱动。

进给装置一般都有工作进给的正、反向变换装置，快速进给接通时，正反向离合器 M3 和 M4 都处于脱开状态。

机床快速移动实现机械化后，再在运动部件上装挡块，用挡块压行程开关，发出离合器通、断和电动机开、停及正反转控制指令，就可实现快速空行程运动和工作进给运动的自动转换。

（2）气动和液压传动的自动循环

由于气动和液压传动的机械结构简单，容易实现自动循环，动力部件和控制元件的安装都不会有很大困难，故应用较广泛。

在机床改装中，还经常采用气动－液压传动，即用压缩空气做动力，用液压系统中的阻尼作用使运动平稳和便于调速。动力气缸与阻尼液压缸有串联和并联两种形式。

实现气动和液压自动工作循环的方法相同，都是通过方向阀来控制。

2. 装卸工件自动化

自动装卸工件装置是自动机床不可缺少的辅助装置。机床实现了加工循环自动化之后，还只是半自动机床，在半自动机床上配备自动装卸工件装置后，由于能够自动完成装卸工作，因而自动加工循环可以连续进行，即成为自动机床。

自动装卸工件装置通常称自动上料装置，它所完成的工作包括将工件自动安装到机床夹具上，以及加工完成后从夹具中卸下工件。其中的重要部分在于自动上料过程采用的各种机构和装备，而卸料机构在结构上比较简单，在工作原理上与上料机构有若干共同之处。

根据原材料及毛坯形式的不同，自动上料装置有以下三大类型：

（1）卷料（或带料）上料装置

在加工时，当采用卷料（卷状的线材）或带料（卷状的带材）做毛坯时，将毛坯装上自动送料机构，然后从轴卷上拉出来经过自动校直被送向加工位置。在一卷材料用完之前，送料和加工是连续进行的。

（2）棒料上料装置

当采用棒料作为毛坯时，将一定长度的棒料装在机床上，按每一工件所需的长度自动送料。在用完一根棒料之后，需要进行一次手工装料。

（3）单件毛坯上料装置

当采用锻件或将棒料预先切成单件坯料作为毛坯时，机床上设置专门的件料上料装置。

前两类自动上料装置多用于冲压机床和通用（单轴和多轴）自动机，第三类使用得比较多，下面主要介绍单件毛坯的自动上料装置。

根据工作特点和自动化程度的不同，单件毛坯自动上料装置有料仓式上料装置和料斗式上料装置两种形式。

料仓式上料装置是一种半自动的上料装置，不能使工件自动定向，需要由工人定时将一批工件按照一定的方向和位置，顺序排列在料仓中，然后由送料机构将工件逐个送到机床夹具中去。

料斗式上料装置是自动化的上料装置，工人将单个工件成批地任意倒进料斗后，料斗中的定向机构能将杂乱堆放的工件进行自动定向，使之按规定的方位整齐排列，并按一定的生产节拍把工件送到机床夹具中去。

3. 自动换刀装置

在自动化加工中，要减少换刀时间，提高生产率，实现加工过程中的换刀自动化就需要刀架转位自动化，自动转位刀架应当有较高的重复定位精度和刚性，以便于控制。

刀架的转位可以由刀架的退刀（回程）运动带动，也可以由单独的电动机、气缸、液压缸等带动。由退刀运动带动的转位，不需单独的驱动源，而用挡块和杠杆操纵。

二、数控机床加工中心

数控机床是一种高科技的机电一体化产品，是由数控装置、伺服驱动装置、机床主体和其他辅助装置构成的可编程的通用加工设备，它被广泛应用在加工制造业的各个领域。加工中心是更高级形式的数控机床，它除了具有一般数控机床的特点外，还具有自身的特点。与普通机床相比，数控机床最适宜加工结构较复杂、精度要求高的零件，以及产品更新频繁、生产周期要求短的多品种小批量零件的生产。当代的数控机床正朝着高速度、高精度化、智能化、多功能化、高可靠性的方向发展。

（一）数控机床的概念与组成

数字控制，简称数控。数控技术是近代发展起来的一种用数字量及字符发出指令并实现自动控制的技术。采用数控技术的控制系统称为数控系统。

数字控制机床，简称数控机床，它是综合应用了计算机技术、微电子技术、自动控制技术、传感器技术、伺服驱动技术、机械设计与制造技术等多方面的新成果而发展起来的，采用数字化信息对机床运动及其加工过程进行自动控制的自动化机床。数控机床改变了用行程挡块和行程开关控制运动部件位移量的程序控制机床的控制方式，不但以数字指令形式对机床进行程序控制和辅助功能控制，并对机床相关切削部件的位移量进行坐标控制。与普通机床相比，数控机床不但具有适应性强、效率高、加工质量稳定和精度高的优点，而且易实现多坐标联动，能加工出普通机床难以加工的曲线和曲面。数控加工是实现多品种、中小批量生产自动化的最有效方式。

数控机床主要是由信息载体、数控装置、伺服系统、测量反馈系统和机床本体等组成。

1. 信息载体

信息载体又称控制介质，它是通过记载各种加工零件的全部信息（如每件加工的工艺过程、工艺参数和位移数据等）控制机床的运动，实现零件的机械加工。常用的信息载体有纸带、磁带和磁盘等。信息载体上记载的加工信息要经输入装置输送给数控装置。

常用的输入装置有光电纸带输入机、磁带录音机和磁盘驱动器等。对于用微型机控制的数控机床，也可用操作面板上的按钮和键盘将加工程序直接用键盘输入机床数控装置，并在显示器上显示。随着微型计算机的广泛应用，穿孔带和穿孔卡已被淘汰，磁盘和通信网络正在成为最主要的控制介质。

2. 数控装置

数控装置是数控机床的核心，它由输入装置、控制器、运算器、输出装置等组成。其功能是接收输入装置输入的加工信息，经处理与计算，发出相应的脉冲信号送给伺服系统，通过伺服系统使机床按预定的轨迹运动。它包括微型计算机电路、各种接口电路、CRT 显示器、键盘等硬件以及相应的软件。

3. 伺服系统

伺服系统的作用是把来自数控装置的脉冲信号转换为机床移动部件的运动，使机床工作台精确定位或按预定的轨迹做严格的相对运动，最后加工出合格的零件。

伺服系统包括主轴驱动单元、进给驱动单元、主轴电动机和进给电动机等。一般来说，数控机床的伺服系统，要求有好的快速响应性能，以及能灵敏而准确地跟踪指令的功能。

现在常用的是直流伺服系统和交流伺服系统，而交流伺服系统正在取代直流伺服系统。

4. 测量反馈系统

测量反馈系统由检测元件和相应的电路组成，其作用是检测机床的运动方向、速度、位移等参数，并将物理量反馈回来送给机床数控装置，构成闭环控制。它可以包含在伺服系统中，没有测量反馈装置的系统称为开环系统。常用的测量元件主要有脉冲编码器、光栅、感应同步器和磁尺等。

5. 适应控制系统

适应控制系统的作用是检测机床当前的环境（如温度、振动、电源、摩擦、切削等参数），将检测到的信号输入机床的数控装置，使机床及时发出补偿指令，从而提高加工精度和生产率。适应控制装置多数用来加工高精度零件，一般数控机床很少采用此类装置。

6. 机床本体

机床本体也称主机，包括床身、立柱、主轴、工作台（刀架）、进给机构等机构部件。由于数控机床的主运动、各个坐标轴的进给运动都由单独的伺服电动机驱动，因此它的传动链短、结构比较简单，各个坐标轴之间的运动关系通过计算机来进行协调控制。为了保证快速响应特性，数控机床上普遍采用精密滚珠丝杠和直线运动导轨副。为了保证高精度、高效率和高自动化加工，数控机床的机械结构应具有较好的动态特性、耐磨性和抗热变形性能，同时还有一些良好的配套措施，如冷却、自动排屑、防护、润滑、编程机和对刀仪等。

（二）数控机床的分类

按照工艺用途，数控机床可以分为以下三类。

1. 一般数控机床

这类机床和普通机床一样，有数控车床、数控铣床、数控钻床、数控镗床、数控磨床等，每一类都有很多品种。例如，在数控磨床中，有数控平面磨床、数控外圆磨床、数控工具磨床等。这类机床的工艺可靠性与普通机床相似，不同的是它能加工形状复杂的零件。这类机床的控制轴数一般不超过三个。

2. 多坐标数控机床

有些形状复杂的零件用三坐标的数控机床还是无法加工，如螺旋桨、飞机曲面零件的加工等，此时需要三个以上坐标的合成运动才能加工出需要的形状，为此出现了多坐标数控机床。多坐标数控机床的特点是数控装置控制轴的坐标数较多，机床结构也比较复杂，现在常用的是 4 ～ 6 坐标的数控机床。

3. 加工中心机床

数控加工中心是在一般数控机床的基础上发展起来的，装备有可容纳几把到几百把刀具的刀库和自动换刀装置。一般加工中心还装有可移动的工作台，用来自动装卸工件。工件经一次装夹后，加工中心便能自动地完成诸如铣创、钻削、攻螺纹、镗削、铰孔等工序。

（三）数控机床的特点

数控机床是一种由数字信号控制其动作的新型自动化机床，现代数控机床常采用计算机进行控制，即 CNC。数控机床是组成自动化制造系统的重要设备。

一般数控机床通常是指数控车床、数控铣床、数控镗铣床等，它们的下述特点对其组成自动化制造系统是非常重要的。

1. 柔性高

数控机床具有很高的柔性。它可适应不同品种和尺寸规格工件的自动加工。当加工零件改变时，只要重新编制数控加工程序和配备所需的刀具，不需要靠模、样板、钻镗模等专用工艺装备。特别是对那些普通机床很难甚至无法加工的精密复杂表面（如螺旋表面），数控机床都能实现自动加工。

2. 自动化程度高

数控程序是数控机床加工零件所需的几何信息和工艺信息的集合。几何信息有走刀路径、插补参数、刀具长度半径补偿值；工艺信息有刀具、主轴转速，进给速度、切削液开关等。在切削加工过程中，自动实现刀具和工件的相对运动，自动变换切削速度和进给速度，自动开、关切削液，数控车床自动转位换刀。操作者的任务是装卸工件、换刀、操作按键、监视加工过程等。

3. 加工精度高、质量稳定

现代数控机床装备有 CNC 数控装置和新型伺服系统，具有很高的控制精度，普遍达到 1μm，高精度数控机床可达到 0.2μm。数控机床的进给伺服系统采用闭环或半闭环控制，对反向间隙和丝杠螺距误差以及刀具磨损进行补偿，因而数控机床能达到较高的加工精度。对中小型数控机床，定位精度普遍可达到 0.03mm，重复定位精度可达到 0.01mm。数控机床的传动系统和机床结构都具有很高的刚度和稳定性，制造精度也比普通机床高。当数控机床有 3～5 轴联动功能时，可加工各种复杂曲面，并能获得较高的精度。由于按照数控程序自动加工避免了人为的操作误差，因而同一批加工零件的尺寸一致性好，加工质量稳定。

4. 生产效率较高

零件加工时间由机动时间和辅助时间组成，数控机床的机动时间和辅助时间比普通机床明显减少。数控机床主轴转速范围和进给速度范围比普通机床大，主轴转速范围通常为 10～6 000 r/min，高速切削加工时可达 15 000 r/min，进给速度范围上限可达到 10～12 m/min，高速切削加工进给速度甚至超过 30 m/min，快速移动速度达到 30～60 m/min。主运动和进给运动一般为无级变速，每道工序都能选用最有利的切削用量，空行程时间明显减少。数控机床的主轴电动机和进给驱动电动机的驱动能力比同规格的普通机床大，机床的结构刚度高，有的数控机床能进行强力切削，有效地减少机动时间。

5. 具有刀具寿命管理功能

构成 FMC 和 FMS 的数控机床具有刀具寿命管理功能，可对每把刀的切削时间进行统计，当达到给定的刀具耐用度时，自动换下磨钢刀具，并换上备用刀具。

6. 具有通信功能

现代数控机床一般都具有通信接口，可以实现上层计算机与 CNC 之间的通信，也可以实现几台 CNC 之间的数据通信，同时还可以直接对几台 CNC 进行控制。通信功能是实现 DNC、FMC、FMS 的必备条件。

三、加工中心简介

加工中心通常是指镗铣加工中心，主要用于加工箱体及壳体类零件，工艺范围广。加工中心具有刀具库及自动换刀机构、回转工作台、交换工作台等，有的加工中心还具有交换式主轴头或卧—立式主轴。加工中心目前已成为一类广泛应用的自动化加工设备，它们可作为单机使用，也可作为 FMC、FMS 中的单元加工设备。加工中心有立式和卧式两种基本形式，前者适合于平面形零件的单面加工，后者特别适合于大型筋体零件的多面加工。

（一）加工中心的概念和特点

加工中心是一种备有刀库并能按预定程序自动更换刀具，对工件进行多工序加工的高效数控机床。加工中心与普通数控机床的主要区别在于它能在一台机床上完成多台机床上才能完成的工作。

现代加工中心有以下特征：①加工中心是在数控机床的基础上增加自动换刀装置，使工件在一次装夹后，可以自动地、连续地完成对工件表面的多工步加工，工序高度集中；②加工中心一般带有自动分度回转工作台或主轴箱，可自动转角度，从而使工件一次装夹后，自动完成多个表面或多个角度位置的多工序加工；③加工中心能自动改变机床的主轴转速、进给量和刀具相对工件的运动轨迹及其他辅助功能；④加工中心如果带有交换工作台，工件在工作位置的工作台进行加工的同时，另外的工件可在装卸位置的工作台进行装卸，不必停止加工。

加工中心由于具有上述特征，可以大大减少工件装夹、调整和测量时间，使加工中心的切削时间利用率高于普通机床 3～4 倍，大大提高了生产率，同时可避免工件多次定位所产生的累积误差，提高加工精度。

（二）加工中心的组成

1. 基础部件

基础部件是加工中心的基础结构，由床身、立柱和工作台等组成，它用来承受加工中心的静载荷以及在加工时产生的切削负载，必须具有足够高的静态和动态刚度，通常是加工中心中体积和质量最大的部件。

2. 主轴部件

主轴部件由主轴箱、主轴电动机、主轴和主轴轴承等零件组成。主轴的启停等动作和转速均由数控系统控制，并且通过装在主轴上的刀具进行切削。主轴部件是切削加工的功率输出部件，是影响加工中心性能的关键部件。

3. 数控系统

加工中心的数控部分由 CNC 装置、可编程序控制器、伺服驱动装置以及电动机等部分组成，它是加工中心执行顺序控制动作和控制加工过程的中心。

4. 自动换刀系统

自动换刀系统由刀库、机械手等部件组成。当需要换刀时，数控系统发出指令，由机械手（或其他装置）将刀具从刀库中取出并装入主轴孔。刀库有盘式、转塔式和链式等多种形式，容量从几把到几百把不等。机械手根据刀库和主轴的相对位置及结构不同有单臂、双臂和轨道等形式。有的加工中心不用机械手而直接利用主轴或刀库的移动实现换刀。

5. 辅助装置

辅助装置包括润滑、冷却、排屑、防护、液压、气动和检测系统等部分。这些装置虽然不直接参与切削运动，但对于加工中心的加工效率、加工精度和可靠性起着保障作用，也是加工中心中不可缺少的部分。

6. 自动托盘交换系统

有的加工中心为进一步缩短非切削时间，配有两个自动交换工件的托盘，一个安装工件在工作台上加工，另一个则位于工作台外进行工件装卸。当一个工件完成加工后，两个托盘位置自动交换，进行下一个工件的加工，这样可以减少辅助时间，提高加工效率。

（三）加工中心的分类

加工中心根据其结构和功能，主要有以下两种分类方式。

1. 按工艺用途分

（1）铣镗加工中心

它是在镗、铣床基础上发展起来的、机械加工行业应用最多的一类加工设备。其加工范围主要是铣削、钻削和镗削，适用于箱体、壳体以及各类复杂零件特殊曲线和曲面轮廓的多工序加工，适用于多品种小批量加工。

（2）车削加工中心

它是在车床的基础上发展起来的，以车削为主，主体是数控车床，机床上配备省转塔式刀库或由换刀机械手和链式刀库组成的刀库。其数控系统多为 2 ～ 3 轴伺服控制，即 X、Z、C 轴，部分高性能车削中心配备有铣削动力头。

（3）钻削加工中心

钻削加工中心的加工以钻削为主，刀库形式以转塔头为多，适用于中小零件的钻孔、扩孔、铰孔、攻螺纹等多工序加工。

2. 按主轴特征分

（1）卧式加工中心

卧式加工中心是指主轴轴线水平设置的加工中心。它一般具有 3 ～ 5 个运动坐标，常见的是三个直线运动坐标加一个回转运动坐标（回转工作台），它能够在工件一次装夹后完成除安装面和顶面以外的其余四个面的镗、铣、钻、攻螺纹等加工，最适合加工箱体类工件。

卧式加工中心有多种形式，如固定立柱式和固定工作台式。固定立柱式的卧式加工中心的立柱不动，主轴箱在立柱上做上下移动，而工作台可在水平面上做两个坐标移动；固定工作台式的卧式加工中心的三个坐标运动都由立柱和主轴箱移动来实现，安装工件的工作台是固定不动的（不做直线运动）。

与立式加工中心相比，卧式加工中心结构复杂、占地面积大、质量大、价格高。

（2）立式加工中心

立式加工中心主轴的轴线为垂直设置，其结构多为固定立柱式。工作台为十字滑台，适合加工盆类零件。一般具有三个直线运动坐标，并可在工作台上安水平轴的数控转台来加工螺旋线类零件。立式加工中心的结构简单、占地面积小、价格低。立式加工中心配备各种附件后，可满足大部分工件的加工。

大型的龙门式加工中心，主轴多为垂直设置，尤其适用于大型或形状复杂的工件。航空、航天工业及大型汽轮机上的某些零件的加工都需要用多坐标龙门式加工中心。

（3）立卧两用加工中心

某些加工中心具有立式和卧式加工中心的功能，工件一次装夹后能完成除安装面外所有侧面和顶面等五个面的加工，也称五面加工中心、万能加工中心或复合加工中心。

常见的五面加工中心有两种形式：一种是主轴可以旋转90°，既可以像立式加工中心那样工作，也可以像卧式加工中心那样工作；另一种是主轴不改方向，而工作台可以带着工件旋转90°，完成对工件五个表面的加工。

五面加工中心的加工方式可以使工件的形位误差降到最低，省去了二次装夹的工装，从而提高了效率，降低了加工成本。但五面加工中心由于存在着结构复杂、造价高、占地面积大的缺点，所以在使用上不如其他类型的加工中心普遍。

第四节　机械加工自动化生产线与自动线的辅助设备

一、机械加工自动化生产线

机械加工自动化生产线（简称自动线）是用运输机构联系起来的由多台自动机床（或工位）、工件存放装置以及统一自动控制装置等组成的自动加工机器系统。

（一）自动线的特征

自动线能减轻工人的劳动强度，并大大提高劳动生产率，减少设备布置面积，缩短生产周期，缩减辅助运输工具，减少非生产性的工作量，建立严格的工作节奏，保证产品质量，加速流动资金的周转和降低产品成本。自动线的加工对象通常是固定不变的，或在较小的范围内变化，而且在改变加工品种时要花费许多时间进行人工调整。另外，其初始投资较多。因此，自动线只适用于大批量的生产场合。

自动线是在流水线的基础上发展起来的，它具有较高的自动化程度和统一的自动控制系统，并具有比流水线更为严格的生产节奏等。在自动线的工作过程中，工件以一定的生产节拍，按照工艺顺序自动地经过各个工位，在不需工人直接参与的情况下，自行完成预定的工艺过程，最后成为合乎设计要求的制品。

（二）自动线的组成

自动线通常由工艺设备、质量检查装置、控制和监视系统、检测系统以及各种辅助设备等组成。由于工件的具体情况、工艺要求、工艺过程、生产率要求和自动化程度等因素的差异，自动线的结构及其复杂程度常常有很大的差别，但其基本部分大致是相同的。

（三）自动线的类型

自动线可从以下三方面分类。

1. 按工件外形和切削加工过程中工件运动状态分类

（1）旋转体工件加工自动线

这类自动线由自动化通用机床、自动化改装的通用机床或专用机床组成，用于加工轴、盘及环类工件，在切削加工过程中工件旋转。这类自动线完成的典型工艺是：车外圆、车内孔、车槽、车螺纹、磨外圆、磨内孔、磨端面、磨槽等。

（2）箱体、杂类工件加工自动线

这类自动线由组合机床或专用机床组成，在切创过程中工件固定不动，可以对工件进行多刀、多轴、多面加工。这类自动线完成的典型工艺是：钻孔、扩孔、铰孔、短孔、铣平面、铣槽、车端面、套车短外圆、加工内外螺纹以及径向切槽等。随着技术的发展，车削、磨削、拉削、仿形加工、研磨等工序也纳入了组合机床自动线。

2. 按所用的工艺设备类型分类

（1）通用机床自动线

这类自动线多数是在流水线基础上，利用现有的通用机床进行自动化改装后连成的。其建线周期短、制造成本低、收效快，一般多用于加工盘类、环类、轴、套、齿轮等中小尺寸、较简单的工件。

（2）专用机床自动线

这类自动线所采用的工艺设备以专用自动机床为主。专用自动机床由于是针对某一种（或某一组）产品零件的某一工序而设计制造的，因而其建线费用较高。这类自动线主要针对结构比较稳定、生产量比较大的产品。

（3）组合机床自动线

用组合机床连成的自动线，在大批量生产中日益得到普遍的应用。由于组合机床本身具有一系列优点，特别是与一般专用机床相比，其设计周期短、制造成本低，而且已经在生产中积累了较丰富的实践经验，因此组合机床自动线能收到较好的使用效果和经济效益。这类自动线在目前大多用于箱体、杂类工件的钻、扩、铰、镗、攻螺纹和铣削等工序。

3. 按设备连接方式分类

（1）刚性连接的自动线

在这类自动线中没有贮料装置，机床按照工艺顺序依次排列。工件出输送装置从一个工位传送到下一工位，直到加工完毕。其工件的加工和输送过程具有严格的节奏，当一个工位出现故障时，会引起全线停车。因此，这种自动线采用的机床和辅助设备都要具有良好的稳定性和可靠性。

（2）柔性连接的自动线

在这类自动线中设有必要的贮料装置，可以在每台机床之间或相隔若干工位设置贮料装置，贮备一定数量的工件，当一台机床（或一段）因故障停车时，其上下工位（或工段）的机床在一定时间内可以继续工作。

（四）自动线的控制系统

自动线为了按严格的工艺顺序自动完成加工过程，除了各台机床按照各自的工序自动地完成加工循环以外，还需要有输送、排屑、储料、转位等辅助设备和装置配合并协调地工作，这些自动机床和辅助设备依靠控制系统连成一个有机的整体，以完成预定的连续的自动工作循环。自动线的可靠性在很大程度上决定控制系统的完善程度和可靠性。

自动线的控制系统可分为三种基本类型：行程控制系统、集中控制系统和混合控制系统。

行程控制系统没有统一发出信号的主令控制装置，每一运动部件或机构在完成预定的动作后发出执行信号，启动下一个（或一组）运动部件或机构，如此连续下去直到完成自动线的工作循环。由于控制信号一般是利用触点式或无触点式行程开关，在执行机构完成预定的行程量或到达预定位置后发出，因而称之为行程控制系统。行程控制系统实现起来比较简单，电气控制元件的通用性强，成本较低。在自动循环过程中，若前一动作没有完成，后一动作就得不到启动信号，因而控制系统本身具有一定的互锁性。但是，当顺序动作的部件或机构较多时，行程控制系统不利于缩短自动线的工作节拍。同时，控制线路电器元件增多，接线和安装会变得复杂。

集中控制系统由统一的主令控制器发出各运动部件和机构顺序工作的控制信号。一般主令控制器的结构原理是在连续或间歇回转的分配轴上安装若干凸轮，按调整好的顺序依次作用在行程开关或液压（或气动）阀上；或在分配圆盘上安装电刷，依次接通电肋点以发出控制信号。分配轴每转动一周，自动线就完成一个工作循环。集中控制系统是按预定的时间间隔发出控制信号的，所以也称为"时间控制系统"。集中控制系统电气线路简单，所用控制元件较少，但其没有行程控制系统那样严格的联锁性，后一机构按一定时间得到启动信号，与前一机构是否已完成了预定的工作无关，可靠性较差。集中控制系统适用于比较简单的自动线，在要求互锁的环节上，应设置必要的联锁保护机构。

混合控制系统综合了行程控制系统和集中控制系统的优点，根据自动线的具体情况，将某些要求联锁的部件或机构用行程控制，以保证安全可靠，其余无联锁关系的动作则按时间控制，以简化控制系统。混合控制系统大多在通用机床自动线和专用（非组合）机床自动线中应用。

二、自动线的辅助设备

在自动化制造过程中，为了提高自动线的生产效率和零件的加工质量，除了采用高柔性、高精度及高可靠性的加工设备和先进的制造工艺外，零件的运储、翻转、清洗、去毛刺及切屑和切削液的处理也是不可缺少的工序。零件在检验、存储和装配前必须清洗及去毛刺；切屑必须随时被排除、运走并回收利用；切削液的回收、净化和再利用，可以减少污染，保护工作环境。有些自动化制造系统（Automatic Manufacturing System, AMS）集成有清洗站和去毛刺设备，可实现清洗及去毛刺自动化。

（一）清洗站

清洗站有许多种类、规格和结构，一般按其工作是否连续分为间歇式（批处理式）和连续通过式（流水线式）。批处理式清洗站用于清洗质量和体积较大的零件，属中小批量清洗；流水线式清洗站用于零件通过量大的场合。

批处理式清洗机有倾斜封闭式清洗机、工件摇摆式清洗机和机器人式清洗机。机器人式清洗机是用机器人操作喷头，工件固定不动。有些大型批处理式清洗站内部有悬挂式环形有轨车，工件托盘安放在环形有轨车上，绕环形轨道做闭环运行。流水线式清洗站用帽子传送带运送工件。零件从清洗站的一端送入，在通过清洗站的过程中被清洗，在清洗站的另一端送出，再通过传送带与托盘交接机构相连接，进入零件装卸区。

清洗机有高压喷嘴。喷嘴的大小、安装位置和方向应考虑到零件的清洗部位，保证零件的内部和难清洗的部位均能清洗干净。为了彻底冲洗夹具和托盘上的切屑，切削液应有足够大的流量和压力。高压清洗液能粉碎结团的杂边和油脂，能很好地清洗工件、夹具和托盘。对清洗过的工件进行检查时，要特别注意不通孔和凹入处是否清洗干净。确定工件的安装位置和方向时，应考虑到最有效清洗和清洗液的排出。

吹风是清洗站重要的工序之一，它可以缩短干燥时间，防止清洗液外流到其他机械设备或 AMS 的其他区域，保持工作区的洁净。有些清洗站采用循环对流的热空气吹干，空气用煤气、蒸汽或电加热，以便快速吹干工件，防止生锈。

批处理式清洗站的切屑和切削液往往直接排入 AMS 的集中切削液和切屑处理系统，切削液最后回到中央切削液存储箱中。流水线式清洗站一般有自备的切削液（或清洗液）存储箱，用于回收切屑，循环利用切削液（或清洗液）。

清洗机可以说是污物、杂渣收集器。筛网和折流板用于过滤金属粉末、杂渣、油泥和其他杂质，必须定期对其进行清洗。油泥输送装置通过一个斜坡将废物送入油泥沉淀箱，沉淀后清除废物，液体流回中央存储箱。存储箱的定时清理非常重要，购买清洗设备时，必须考虑中央存储箱的检修和便于清洗。

在 AMS 中，清洗站接受主计算机或单元控制器下达的指令，由可编程序控制器执行这些指令。批处理式清洗站的操作过程如下：①将工件托盘送到清洗站前；②打开进入清洗站的大门，将托盘送入清洗工作区并将其固定在有轨吊车上，关闭大门；③托盘随吊车绕轨道运行时，高压、大流量切削液从喷嘴喷向工件托盘，使切屑、污物、油脂等落入排污系统；④冲洗一定时间后，切削液关闭，开始吹热空气进行干燥；⑤吹风干燥一段时间后，有轨吊车返回其初始位置；⑥从有轨吊车上取下工件托盘，打开清洗站大门，运走工件托盘。

有些 AMS 不使用专门的清洗设备，切削加工结束后，在机床加工区用高压切削液冲洗工件、夹具，用压缩空气通过主轴孔吹去残留的切削液。这种方法可节省清洗站的投资、零件搬运和等待时间，但零件清洗占用机床切削加工时间。

（二）去毛刺设备

以前去毛刺一直是由手工进行的，是重复的、繁重的体力劳动。最近几年出现了多种去毛刺的新方法，可以减轻人的体力劳动，实现去毛刺自动化。最常用的方法有机械法、振动法、热能法、电化学法等。

1.机械法去毛刺

机械法去毛刺包括在其中使用工业机器人，机器人手持钢丝刷、砂轮或油石打磨毛刺。打磨工具安放在工具存储架上，根据不同零件和去毛刺的需要，机器人可自动更换打磨工具。

在很多情况下，通用机器人不是理想的去毛刺设备，因为机器人关节臂的刚度和精度不够，而且许多零件要求对其不同的部位采用不同的去毛刺方法。

机械法去毛刺常用的工具有砂带、金属丝刷、塑料刷、尼龙纤维刷、砂轮、油石等。

2.振动法去毛刺

振动法去毛刺机适用于清除小型回转体或棱体零件的毛刺。零件分批装入一个筒状的大容器罐内，用陶瓷卵石作为介质，卵石大小因零件类型、尺寸和材料而异。盛有零件的容器罐快速往复振动，在陶瓷介质中搅拌零件，以去毛刺和氧化皮。振动强烈程度可以改变，猛烈地搅拌用于恶劣型毛刺，柔缓地搅拌用于精密零件的打磨和研磨。

振动去毛刺法包括回转滚筒法、振动滚筒法、离心滚筒法、涡流滚筒法、旋磨滚筒法、往复槽式法、磨料流动去毛刺法、摇动滚筒法、液压振动滚筒法、磨粒流去毛刺法、电流变液去毛刺法、磁流变液去毛刺法、磁力去毛刺法等，这些方法原理上也属于机械去毛刺的范畴。

3. 喷射去毛刺法

喷射去毛刺法是利用一定的压力和速度将去毛刺介质喷向零件，以达到除毛刺的效果。喷射去毛刺法包括水平喷射去毛刺、气动磨料流去毛刺、液体喷磨去毛刺、浆液喷射去毛刺、低温喷射去毛刺等。严格来讲，喷射去毛刺法也属于机械法去毛刺的范畴。

4. 热能法去毛刺

热能法去毛刺是利用高温除毛刺和飞边。将需要去毛刺的零件放在坚固的密封室内，然后送入一定量的、经充分混合的、具有一定压力的氢气和氧气，经火花塞点火后，混合气体瞬时爆炸，放出大量的热，瞬时温度高达 3 300 ℃以上，毛刺或飞边燃烧成火焰，立刻被氧化并转化为粉末，前后经历时间 25 ～ 30 s，然后用溶剂清洗零件。

热能法去毛刺的优点是能极好地除去零件所有表面上的多余材料，即使是不易触及的内部凹入部位和孔相贯部位也不例外。热能法去毛刺适用零件范围宽，包括各种黑色金属和有色金属。

5. 电化学法去毛刺

电化学法去毛刺是通过电化学反应将工件上的材料溶解到电解液中，对工件去毛刺或成型。与工件型腔形状相同的电极工具作为负极，工件作为正极，直流电流通过电解液。电极工具进入工件时，工件材料超前电极工具被溶解。电化学法通过调节电流来控制去毛刺和倒棱，材料去除率与电流大小有关。

电化学法去毛刺的过程慢，优点是电极工具不接触工件，无磨损，去毛刺过程中不产生热量，因此，不引起工件热变形和机械变形。因而，高硬度材料非常适合用电化学法。

（三）工件输送装置

工件输送装置是自动线中最重要的辅助设备，它将被加工工件从一个工位传送到下一个工位，为保证自动线按生产节拍连续地工作提供条件，并从结构上把自动线的各台自动机床联系成为一个整体。

工件输送装置的形式与自动线工艺设备的类型和布局、被加工工件的结构和尺寸特性以及自动线工艺过程的特性等因素有关，因而其结构形式也是多样的。在加工某些小型旋转体零件（例如盘状、环状零件、圆柱滚子、活塞销、齿轮等）的自动线中，常采用输料槽作为基本输送装置。输料槽有利用工件自重输送和强制输送两种形式。自重输送的输料槽又称滚道，它不需要其他动力源和特殊装置，因而结构简单。对于小型旋转体工件，大多采用以自重滚送的办法实现自动输送。对于体积较大和形状复杂的零件，可以采用各种输送机械。

（四）自动线上的夹具

自动线上所采用的夹具，可归纳为两种类型，即固定式夹具与随行式夹具。

固定式夹具即附属于每一加工工位，不随工件输送而移动的夹具，固定安装于机床的某一部件上，或安装于专用的夹具底座上。这类夹具亦分为两种类型：一种是用于钻、镗、铣、攻螺纹等加工的夹具，在加工过程中固定不动；另一种是工件和夹具在加工时尚须做旋转运动。前者多用于箱体、壳体、盖、板等类型的零件加工或组合机床自动线中，后者多用于旋转体零件的车、磨、齿形加工等自动线中。

随行式夹具为随工件一起输送的夹具，适用于缺少可靠的输送基面、在组合机床自动线上用输送带直接输送的工件。此外，对于有色金属工件，如果在自动线中直接输送时其基面容易磨损，也须采用随行夹具。

（五）转位装置

在加工过程中，工件有时需要翻转或转位以改换加工面。在通用机床或专用机床自动线中加工中、小型工件时，其翻转或转位常常在输送过程或自动上料过程中完成。在组合机床自动线中，须设置专用的转位装置。这种装置可用于工件的转位，也可以用于随行夹具的转位。

（六）储料装置

为了使自动线能在各工序的节拍不平衡的情况下连续工作较长的时间，或者在某台机床更换调整刀具或发生故障而停歇时保证其他机床仍能正常工作，必须在自动线中设置必要的储料装置，以保持工序间（或工段间）具有一定的工件储备量。

储料装置通常可以布置在自动线的各个分段之间，也有布置在每台机床之间的。对于加工某些小型工件或加工周期较长的工件的自动线，工序间的储备装置常建立在连接工序的输送设备（例如输料槽、提升机构及输送带）上。根据被加工工件的形状大小、输送方式及要求的储备量的大小不同，储料装置的结构形式也不相同。

（七）排屑装置

在切创加工自动线中，切屑源源不断地从工件上流出，如不及时排除，就会堵塞工作空间，使工作条件恶化，影响加工质量，甚至使自动线不能连续地工作。因此，将切屑从加工地点排除并将它收集起来运离自动线，是一个不容忽视的问题。

第五节　柔性制造单元与制造系统

一、柔性制造单元

（一）柔性制造单元的概述

随着对产品多样化、降低制造成本、缩短制造用期和适时生产等需要的日趋迫切，以及以数控机床为基础的自动化技术的快速发展，1967 年 Molins 公司研制了第一个柔性制造系统（Flexible Manufacturing System，FMS）。FMS 的产生标志着传统的机械制造行业进入了一个发展变革的新时代，自其诞生以来就显示出强大的生命力。它克服了传统的刚性自动线只适用于大量生产的局限性，表现出了对多品种、中小批量生产制造自动化的适应能力。

在以后的几十年中，FMS 逐步从实验阶段进入商品化阶段，并广泛应用于制造业的各个领域，成为企业提高产品竞争力的重要手段。FMS 是一种在批量加工条件下，高柔性和高自动化程度的制造系统。它之所以获得迅猛发展，是因为它综合了高效率、高质量及高柔性的特点，解决了长期以来中小批量和中大批量、多品种产品生产自动化的技术难题。

在 FMS 诞生八年之后，出现了柔性制造单元（Flexible Manufacturing Cell，FMC），它是 FMS 向大型化、自动化工厂发展时的另一个发展方向——向廉价化、小型化发展的产物。尽管 FMC 可以作为组成 FMS 的基本单元，但由于 FMC 本身具备了 FMS 绝大部分的特性和功能，因此 FMC 可以看作独立的最小规模的 FMS。柔性制造单元通常由 1～3 台数控加工设备、工业机器人、工件交换系统以及物料运输存储设备构成。它具有独立的自动加工功能，一般具有工件自动传送和监控管理功能，以适应于加工多品种、中小批量产品的生产，是实现柔性化和自动化的理想手段。由于 FMC 的投资比 FMS 小，技术上容易实现，因此它是一种常见的加工系统。

（二）柔性制造单元的组成形式

通常，FMC 有两种组成形式：托盘交换式和工业机器人搬运式。

托盘交换式 FMC 主要以托盘交换系统为特征，一般具有 5 个以上的托盘，组成环形回转式托盘库。托盘支承在环形导轨上，由内侧的环形拖动而回转，链轮由电动机驱动。托盘的选择和定位由可编程控制器（PLC）进行控制，借助终端开关、光电编码器来实现托盘的定位检测。

这种托盘交换系统具有存储、运送、检测、工件和刀具的归类以及切削状态监视等功能。该系统中托盘的交换由设在环形交换导轨中的液压或电动推拉机构来实现。这种交换首先指的是在加工中心上加工的托盘与托盘系统中备用托盘的交换。如果在托盘系统的另一端再设置一个托具工作站，则这种托盘系统可以通过托具工作站与其他系统发生联系，若干个 FMC 通过这种方式，可以组成一条 FMS 线。目前，这种柔性系统正向高柔性、小体积、便于操作的方向发展。

FMC 由于属于无人化自动加工单元，因此一般都具有较完善的自动检测和自动监控功能。如刀尖位置的检测、尺寸自动补偿、切削状态监控、自适应控制、切屑处理以及自动清洗等功能，其中切削状态的监控主要包括刀具折断或磨损、工件安装错误的监控或定位不准确、超负荷及热变形等工况的监控，当检测出这些不正常的工况时，便自动报警或停机。

（三）柔性制造单元的特点和应用

柔性制造单元具有如下特点：

1. 柔性

柔性制造单元的柔性是指加工对象、工艺过程、工序内容的自动调整性能。加工对象的可调整性即产品的柔性，FMC 能加工尺寸不同、结构和材料亦有差异的"零件族"的所有工件；工艺过程的可调整性包括对同一种工件可改变其工序顺序或采用不同的工序顺序；工序内容的可调整性包括同一工件在同一台加工中心上可采用的加工工步、装夹方式和工步顺序、切削用量的可调整性。

2. 自动化

柔性制造单元使用数控机床进行加工，采用自动输送装置实现工件的自动运输和自动装卸，由计算机对工件的加工和输送进行控制，实现了制造过程的自动化。

3. 加工精度和效率高，质量稳定

由于柔性制造单元由数控设备构成，所以其具备数控设备的效率高、加工质量稳定和精度高的特点。

4. 同 FMS 相比，FMC 的投资和占地面积相对较小

柔性制造单元虽然具有柔性的特点，但由于受其设备数量的限制设备种类比较少，所以一个柔性制造单元不可能同时具备加工主体结构不同的各类零件的能力。柔性制造单元一般针对某一类零件设计，能够满足该成组零件的加工要求，如轴类零件柔性加工单元和箱体类零件柔性加工单元。柔性制造单元一般用于中小企业成批生产中。

（四）柔性制造单元的发展趋势

FMC 正向装配 FMC 及其他功能 FMC 方向发展。为适应组成系统的需要，FMC 不但用来组成 FMS，还部分地用来组成柔性制造线，并将从中小批量柔性自动化生产领域向大批量

生产领域扩散应用。

FMC 的发展趋势之一是以 FMC 为基础的网络化。它是由 FMC 与局部网络（LAN）组成的所谓"中小企业分散综合型 FMS"。这些 FMC 之间的信息流用"LAN 环"加以连接，因此可以共同使用 CAD/CAM 站的信息、技术等，构成了物和信息有机结合的生产系统。目前，国外正致力于开发研究分散型 FMC 的课题。

二、柔性制造系统

20 世纪 60 年代以来，随着生活水平的提高，用户对产品的需求向着多样化、新颖化方向发展，传统的适用于大批量生产的自动线生产方式已不能满足企业的要求，企业必须寻找新的生产技术以适应多品种、中小批量的市场需求。同时，计算机技术的产生和发展，CAD/CAM、计算机数控、计算机网络等新技术及新概念的出现，以及自动控制理论、生产管理科学的发展，也为新生产技术的产生奠定了技术基础。在这种情况下，柔性制造技术应运而生。

柔性制造系统作为一种新的制造技术，在零件加工业以及与加工和装配相关的领域都得到了广泛的应用。

（一）柔性制造系统的定义和组成

柔性制造系统（FMS）是在计算机统一控制下，由自动装卸与输送系统将若干台数控机床或加工中心连接起来构成的一种适合于多品种、中小批量生产的先进制造系统。

由上述定义可以看出，FMS 主要由以下三个子系统组成：

1. 加工系统

加工系统是 FMS 的主体部分，主要用于零件的加工。加工系统一般由两台以上的数控机床、加工中心以及其他的加工设备构成，包括清洗设备、检验设备、动平衡设备和其他特种加工设备等。加工系统的性能直接影响着 FMS 的性能，在 FMS 中是耗资最多的部分。

2. 物流系统

该系统包括运送工件、刀具、夹具、切屑及冷却润滑液等加工过程中所需"物流"的搬运装置、存储装置和装卸与交换装置。搬运装置有传送带、轨道小车、无轨小车、搬运机器人、上下料托盘等；存储装置主要由设置在搬运线始端或末端的自动仓库和设在搬运线内的缓冲站构成，用以存放毛坯、半成品或成品；装卸与交换装置负责 FMS 中物料在不同设备或不同工位之间的交换或装卸，常见的装卸与交换装置有托盘交换器、换刀机械手、堆垛机等。

3. 控制和管理系统

FMS 的控制与管理系统实质上是实现 FMS 加工过程及物料流动过程的控制、协调、调度、监测和管理的信息流系统。它由计算机、工业控制机、可编程序控制器、通信网络、数据库和相应的控制与管理软件构成，是 FMS 的神经中枢，也是各子系统之间的联系纽带。

（二）系统柔性的概念

系统柔性的概念可以表现在两个方面：一是指系统适应外部环境变化的能力，可采用系统所能满足新产品要求的程度来衡量；二是指系统适应内部变化的能力，可采用在有干扰（如各种机器故障）的情况下系统的生产率与无干扰情况下的生产率期望之比来衡量。

FMS 与传统的单一品种自动生产线（相对而言，可称之为刚性自动生产线，如由机械式、液压式自动机床或组合机床等构成的自动生产线）的不同之处主要在于它具有柔性。

一般认为，柔性在 FMS 中占有相当重要的位置。一个理想的 FMS 应具备多方面的柔性。

1. 设备柔性

设备柔性指系统中的加工设备具有适应加工对象变化的能力。其衡量指标是当加工对象的类、族、品种变化时，加工设备所需刀、夹、辅具的准备和更换时间，硬、软件的交换与调整时间，加工程序的准备与调校时间等。

2. 工艺柔性

工艺柔性指系统能以多种方法加工某一族工件的能力。工艺柔性也称加工柔性或混流柔性，其衡量指标是系统不采用成批生产方式而同时加工的工件品种数。

3. 产品柔性

产品柔性指系统能够经济而迅速地转换到生产一族新产品的能力。产品柔性也称反应柔性。衡量产品柔性的指标是系统从加工一族工件转向加工另一族工件时所需的时间。

4. 工序柔性

序柔性指系统改变每种工件加工工序先后顺序的能力。其衡量指标是系统以实时方式进行工艺决策和现场调度的水平。

5. 运行柔性

运行柔性指系统处理其局部故障，并维持继续生产原定工件族的能力。其衡量指标是系统发生故障时生产率的下降程度或处理故障所需的时间。

6. 批量柔性

批量柔性指系统在成本核算上能适应不同批量的能力。其衡量指标是系统保持经济效益的最小运行批量。

7. 扩展柔性

扩展柔性指系统能根据生产需要方便地模块化进行组建和扩展的能力。其衡量指标是系统可扩展的规模大小和难易程度。

8. 生产柔性

生产柔性指系统适应生产对象变换的范围和综合能力。其衡量指标是前述 7 项柔性的总和。

上述各种柔性是相互影响、密切相关的，一个理想的 FMS 系统应该具备所有的柔性。

从功能上说，一个柔性制造系统柔性越强，其加工能力和适应性就越强。但过度的柔性会大大地增加投资，造成不必要的浪费。所以在确定系统的柔性前，必须对系统的加工对象（包括产品变动范围、加工对象规格、材料、精度要求范围等）做科学的分析，确定适当的柔性。

（三）柔性制造系统的特点和应用

柔性制造系统的主要优点体现在以下几个方面：

1. 设备利用率高

由于采用计算机对生产进行调度，一旦有机床空闲，计算机便分配给该机床加工任务。在典型情况下，采用柔性制造系统中的一组机床所获得的生产量是单机作业环境下同等数量机床生产量的三倍。

2. 减少生产周期

由于零件集中在加工中心上加工，减少了机床数和零件的装卡次数。采用计算机进行有效的调度也减少了周转的时间。

3. 具有维持生产的能力

当柔性制造系统中的一台或多台机床出现故障时，计算机可以绕过出现故障的机床，使生产得以继续。

4. 生产具有柔性

可以响应生产变化的需求，当市场需求或设计发生变化时，在 FMS 的设计能力内，不需要系统硬件结构的变化，系统具有制造不同产品的柔性。并且，对于临时需要的备用零件可以随时混合生产，而不影响 FMS 的正常生产。

5. 产品质量高

FMS 减少了夹具和机床的数量，并且夹具与机床匹配得当，从而保证了零件的一致性和产品的质量。同时自动检测设备和自动补偿装置可以及时发现质量问题，并采取相应的有效措施，保证了产品的质量。

6. 加工成本低

FMS 的生产批量在相当大的范围内变化，其生产成本是最低的。它除了一次性投资费用较高外，其他各项指标均优于常规的生产方案。

柔性制造系统的主要缺点是：①系统投资大，投资回收期长；②系统结构复杂，对操作人员的要求高；③复杂的结构使得系统的可靠性降低。

柔性制造技术是一种适用于多品种、中小批量生产的自动化技术。从理论上讲，FMS可以用来加工各种各样的产品，不局限于机械加工和机械行业，而且随着技术的发展，应用的范围会愈来愈广。下面从产品类型、零件类型材料以及年产量方面对FMS的使用范围做简要分析。

目前FMS主要用于生产机床、重型机械、汽车、飞机和工业产品等。从加工零件的类型来看，大约70%的FMS用于箱体类的非回转体的加工，而只有30%左右的FMS用于回转体的加工，其主要原因在于非回转体零件在加工平面的同时，往往可以完成钻、镗、扩、铰、铣和螺纹加工，而且比回转体容易装载和输送，容易获得所需的加工精度。

由于FMS要实现某一水平的"无人化"生产，于是，切屑处理就是一个很大的问题，所以大约有一半的系统是加工切屑处理比较容易的铸铁件，其次是钢件和铝件，加工这三种材料的FMS占总数的85%～90%。通常在同一系统内加工零件的材料种类都比较单一，如果加工零件材料的种类过多，会对系统在刀具的更换和各种切削参数的选择方面提出更高的要求，使系统变得更复杂。

（四）柔性制造系统的发展趋势

1.FMS仍将迅速发展

FMS在20世纪80年代末就已进入工厂实用阶段，技术已比较成熟。由于它在解决多品种、中小批量生产上比传统的加工技术有明显的经济效益，因此随着国际竞争的加剧，无论发达国家还是发展中国家都越来越重视柔性制造技术。

FMS初期只是用于非回转体零件如箱体类零件的机械加工，通常用来完成钻、镗、铣及攻螺纹等工序。后来随着FMS技术的发展，FMS不仅能完成非回转体类零件的加工，还可完成回转体零件的车削、磨削、齿轮加工，甚至拉削等工序。

从机械制造行业来看，现在的FMS不仅能完成机械加工，还能完成钣金、锻造、焊接、装配、铸造、激光、电火花等特种加工以及喷漆、热处理、注塑等工作。从整个制造业所生产的产品看，现在的FMS已不再局限于汽车、机床、飞机、坦克、火炮、舰船，还可用于计算机、半导体、木制产品、服装、食品以及医药化工等产品的生产。从生产批量来看，FMS已从中小批量向单件和大批量生产方向发展。有关研究表明，所有采用数控和计算机控制的工序均可由FMS完成。

随着计算机集成制造系统（Computer Integrated Manufacturing System，CIMS）日渐成为制造业的热点，很多专家学者纷纷预言CIMS是制造业发展的必然趋势。柔性制造系统作为CIMS的重要组成部分，必然会随着CIMS的发展而发展。

2.FMS 系统配置朝 FMC 的方向发展

FMC 和 FMS 一样，都能够满足多品种、小批量的柔性制造需要，但 FMS 具有自己的优点。

首先，FMS 的规模小、投资少，技术综合性和复杂性低，规划、设计、论证和运行相对简单，易于实现，风险小，而且易于扩展，是向高级大型 FMS 发展的重要阶梯。采用由 FMS 到 FMC 的规划，既可以减少一次投入的资金，使企业易于承受，又可以减小风险。因为单元规模小、问题少、易于成功，一旦成功就可以获得效益，为下一步扩展提供资金，同时也能培养人才、积累经验，使 FMS 的实施更加稳妥。

其次，现在的 FMC 已不再是简单或初级 FMS 的代名词，FMC 不仅可以具有 FMS 所具有的加工、制造、运储、控制、协调功能，还可以具有监控、通信、仿真、生产调度管理以至于人工智能等功能，在某一具体类型的加工中可以获得更大的柔性，提高生产率，增加产量，改进产品质量。

3.FMS 系统性能不断提高

构成 FMS 的各项技术，如加工技术、储运技术、刀具管理技术以及网络通信技术的迅速发展，毫无疑问会大大提高 FMS 系统的性能。在加工采用喷水切削加工技术和激光加工技术，并将很多加工能力很强的加工设备如立式、卧式镗铣加工中心以及高效万能车削中心等用于 FMS 系统，大大提高了 FMS 的加工能力和柔性，提高了 FMS 的系统性能。

自动导向小车（Automatic Guide Vehicle, AGV）以及自动存取提／取系统的发展和应用，为 FMS 提供了更加可靠的物流运储方法；同时也能缩短周期，提高生产率。刀具管理技术的迅速发展，为及时而准确地给机床提供适用刀具提供了保证；同时可以提高系统柔性、生产率、设备利用率，降低刀具费用，消除人为错误，提高产品质量，延长无人操作时间。

4. 从 CIMS 的高度考虑 FMS 规划设计

尽管 FMS 本身是把加工、运储、控制、检测等硬件集成在一起，构成一个完整的系统，但从一个工厂的角度来讲，它还只是一部分，若不能设计出新的产品或设计速度慢，再强的加工能力也无用武之地。总之，只有从工厂全面现代化 CIMS 的角度分析，考虑 FMS 的各种问题并根据 CIMS 的总体考虑进行 FMS 的规划设计，才能充分发挥 FMS 的作用，使整个工厂获得最大效益，提高在市场中的竞争能力。

第四章　物料供输自动化

第一节　物料供输自动化概述

一、实例分析

在制造业中，从原材料到产品出厂，机床作业时间仅占5%，工件处于等待和传输状态的时间则占95%。其中，物料传输与存储费用占整个产品加工费用的30%～40%，因此，物流系统的优化能够大大提高运转速率、降低生产成本、减轻库存积货以及提高综合经济效益。

半柔性制造系统的任务主要有三个：其一是完成一个轴类零件的机械加工；其二是把零件按照机械加工工艺过程的要求，定时、定点地输送到相关的制造装备上；其三是完成轴与轴承的装配。

（一）带式输送子系统

按照工艺过程的顺序完成工件各工位的准确传输，由胶带输送机、减速器、电动机和光电传感器等组成，胶带的运行速度可在2～5 m/min进行调整。

（二）回转传输子系统

按照制造过程的要求，实现工件在不同传送带上的转换。它由传送带、升降机构、回转气缸和光电传感器等组成，可使工件向前、向左、向右有选择性地传送。

（三）控制及调度

子系统按照制造工艺过程和作业时间的要求，实现工件准时在不同工位之间传送的控制。

二、物流系统及其功用

物流是物料的流动过程：物流按其物料性质不同，可分为工件流、工具流和配套流三种。其中工件流由原材料、半成品、成品构成；工具流由刀具、夹具构成；配套流由托盘、辅助材料、备件等构成。

在自动化制造系统中，物流系统是指工件流、工具流和配套流的移动与存储，它主要完成物料的存储、输送、装卸、管理等功能。

（一）存储功能

在制造系统中，有许多物料处于等待状态，即不处在加工和使用状态，这些物料需要存储和缓存。

（二）输送功能

完成物料在各工作地点之间的传输，满足制造工艺过程和处理顺序的需求。

（三）装卸功能

实现加工设备及辅助设备上、下料的自动化，以提高劳动生产率。

（四）管理功能

物料在输送过程中是不断变化的，因此需要对物料进行有效的识别和管理。

三、物流系统的组成及分类

物流供输系统的组成及分类如图 4-1 所示。

单机自动供料装置完成单机自动上、下料任务，由储料器、隔料器、上料器、输料槽、定位装置等组成。

自动线输送系统完成自动线上的物料输送任务，由各种连续输送机、通用悬挂小车、有轨导向小车及随行夹具返回装置等组成。

FMS 物流系统完成 FMS 物料的传输，由自动导向小车、积放式悬挂小车、积放式有轨导向小车、搬运机器人、自动化仓库等组成。

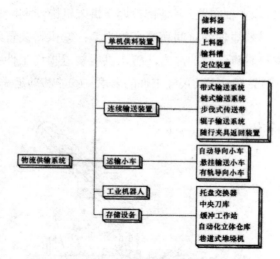

图 4-1　物流供输系统的组成及分类

第二节　单机自动供料装置

一、单机自动供料装置概述

　　加工设备或辅助设备的供料可采用两种不同的方式：一种是人工供料方式，另一种是自动供料设备。人工供料工作强度大、操作时间长，随着制造业自动化水平的不断提高，这种供料方式将逐渐被自动供料装置替代。自动供料装置一般由储料器、输料槽、定向定位装置和上料器组成。储料器可储存一定数量的工件，根据加工设备的需求自动输出工件，经输料槽和定向定位装置传送到指定位置，再由上料器将工件送入机床加工位置。储料器一般被设计成料仓式或料斗式。料仓式储料器需人工将工件按一定方向摆放在仓内，料斗式储料器只须将工件倒入料斗，由料斗自动完成定向。料仓或料斗一般储存小型工件；对于较大的工件，可采用机械手或机器人来完成供料过程。

　　图 4-2 所示为常见的机床自动供料装置。工件由工人装入料仓 1，机床进行加工时，上料器 5 推到最右位置，隔料器 2 被上料器 5 的销钉带动逆时针旋转，其上部的工件便落入上料器 5 的接收槽中。当工件加工完毕，弹簧夹头 8 松开，推料杆 7 将工件从弹簧夹头 8 中顶出，工件随即落入出料槽 6 中。送料时，上料器 5 向前移动，将工件送到主轴前端并对准弹簧夹头 8，随后上料杆 9 将工件推入弹簧夹头 8 内。弹簧夹头 8 将工件夹紧后，上料器 5 和上料杆 9 向后退出，开始加工工件。当上料器 5 向前上料时，隔料器 2 在弹簧 3 的作用下顺时针旋转到料仓下方，将工件托住以免其落下。图 4-2 中的料仓、隔料器和上料器属于自

动供料机构，且垂直于机床主轴布置，其他部件属于机床机构。对供料装置的基本要求如下：①供料时间尽可能少，以缩短辅助时间和提高生产率；②供料装置结构尽可能简单，以保证供料稳定可靠；③供料时避免大的冲击，防止供料装置损伤工件；④供料装置要有一定的适用范围，以适应不同类型、不同尺寸工件的要求；⑤能够满足一些工件的特殊要求。

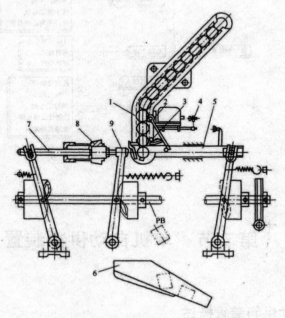

图 4-2　机床自动供料装置

1—料仓；2—隔料器；3—弹簧；4—自动停机装置；5—上料器；
6—出料槽；7—推料杆；8—弹簧夹头；9—上料杆

二、料仓、料斗及输料槽

（一）料仓的结构形式及拱形消除机构

　　由于工件的重量和形状尺寸变化较大，因此料仓的结构设计没有固定模式。一般将料仓分成自重式和外力作用式两种结构，如图4-3所示。图4-3（a）和图4-3（b）所示是工件自重式料仓，其结构简单、应用广泛。图4-3（a）将料仓设计成螺旋式，可在不加大外形尺寸的条件下多容纳工件；图4-3（b）将料仓设计成料斗式，其设计简单，但料仓中的工件容易形成拱形面而堵塞出料口，一般应设计拱形消除机构图4-3（c）～图4-3（h）所示为外力作用式料仓。图4-3（c）所示为重锤垂直压送式料仓，适用于易与仓壁黏附的小零件；图4-3（d）所示为重锤水平压送式料仓；图4-3（e）所示为扭力弹簧压送工件的料仓；图4-3（f）所示为利用工件与平带间的摩擦力供料的料仓；图4-3（g）所示为链条传送工件的料仓，链条可连续或间歇传动；图4-3（h）所示为利用同步带传送工件的料仓。

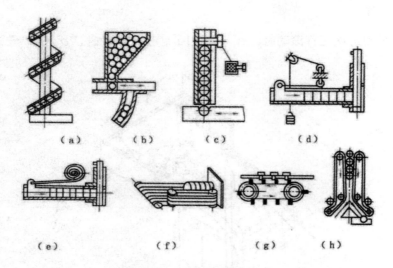

图 4-3　料仓的结构形式
（a）螺旋式；（b）料斗式；（c）重锤垂直压送式；
（d）重锤水平压送式；（e）扭力弹簧压送式；
（f）摩擦力供料式；（g）链条传送式；（h）同步带传送式

拱形消除机构一般采用仓壁振动器。仓壁振动器使仓壁产生局部、高频微振动，可破坏工件间的摩擦力和工件与仓壁间的摩擦力，从而保证工件连续地由料仓中排出。仓壁振动器的振动频率一般为 1 000 ～ 3 000 次 /min。当料仓中物料搭拱处的仓壁振幅达到 0.3 mm 时，即可达到破拱效果。在料仓中安装搅拌器也可消除拱形堵塞。

（二）料斗

料斗上料装置带有定向机构，工件在料斗中可自动完成定向。但并不是所有工件在送出料斗之前都能完成定向，这种没有完成定向的工件将在料斗出口处被分离，并返回料斗重新定向，或由二次定向机构再次定向。因此料斗的供料率会发生变化，为了保证正常生产，应使料斗的平均供料率大于机床的生产率。料斗其结构设计主要依据工件特征（如几何形状、尺寸、重心位置等）选择合适的定向方式，然后确定料斗的形式。下面介绍往复推板式料斗，如图 4-4 所示。

1. 平均供料率 Q（件 /min）

工件滚动时，　　$Q = \dfrac{nLK}{d}$

工件滑动时，　　$Q = \dfrac{nLK}{l}$

式中，n 为推板往复次数（r/min），一般 n =10 ～ 60；L 为推板工作部分长度（mm），$L = (7 \sim 10)\, d$；d, l, K 为工件直径、工件长度、上料系数。

2. 推板工作

部分的水平倾角 α 工件滚动时，$\alpha = 7°\sim15°$；工件滑动时，$\alpha = 20°\sim30°$。

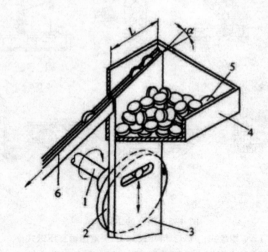

图 4-4　往复推板式料斗
1—轴；2—销轮；3—推板；4—固定料斗；5—工件；6—料道

3. 推板行程长度

推板行程长度 H（mm），对于 $l/d<8$ 的轴类工件，$H=(3\sim4)l$；对于 $1/d=8\sim12$ 的轴类工件，$H=(2\sim2.25)l$；对于盘类工件，$H=(5\sim8)l$。

4. 料斗的宽度

料斗的宽度 B（mm），推板位于料斗一侧时，$B=(3\sim4)l$；推板位于料斗中间时，$B=(12\sim15)l$。

（三）输料槽

根据工件的输送方式（靠自重或强制输送）和工件的形状，输料槽有许多种结构形式。一般靠工件自重输送的自流式输料槽结构简单，但可靠性较差；半自流式或强制运动式输料槽的可靠性高。

有些外形复杂的工件不可能在料斗内一次定向完成，因此需要在料斗外的输料槽中实行二次定向。常用的二次定向机构如图 4-5 所示。图 4-5（a）适用于重心偏置的工件，在向前送料的过程中，只有工件较重端朝下才能落入输料槽。图 4-5（b）适用于一端开口的套类工件，只有开口向左的工件，才能利用钩子的作用改变方向而落入输料槽，开口向右的工件将推开钩子直接落入输料槽。图 4-5（c）适用于重心偏置的盘类工件，工件向前运动经过缺口时，如果重心偏向缺口一侧，则翻转落入料斗；如果重心偏向无缺口一侧，则工件继续在输料槽内向前运动。图 4-5（d）适用于带肩轴类的工件，工件在运动过程中自动定向成大端向上的位置。

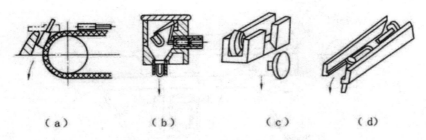

（a）　　　　　（b）　　　　　（c）　　　　　（d）

图 4-5　二次定向机构
（a）适用于重心偏置的工件；（b）适用于一端开口的套类工件；
（c）适用于重心偏置的盘类工件；（d）适用于带肩轴类的工件

（四）供料与隔料机构

供料与隔料机构的功能是定时地把工件逐个输送到机床加工位置，为了简化机构，一般将供料与隔料机构设计成一体。图 4-6 所示是典型的供料与隔料机构。图 4-6（a）所示为往复运动式供料与隔料机构，适用于轴类、盘类、环类、球类工件，供料与隔料速度小于 150 件 /min。图 4-6（b）所示为摆动往复式供料与隔料机构，适用于短轴类、环类、球类工件，供料与隔料速度为 150 ~ 200 件 /min。图 4-6（c）所示为回转运动式供料与隔料机构，适用于盘类、板类工件，供料与隔料速度大于 200 件 /min，且工作平稳。图 4-6（d）所示为回转运动连续式供料与隔料机构，适用于小球、轴类、环类工件，供料与隔料速度大于 200 件 /min。

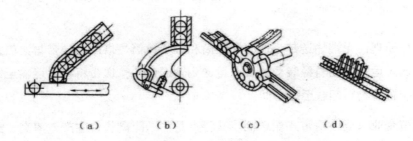

（a）　　　　　（b）　　　　　（c）　　　　　（d）

图 4-6　典型的供料与隔料机构
（a）往复运动式供料与隔料机构；（b）摆动往复式供料与隔料机构；
（c）回转运动式供料与隔料机构；（d）回转运动连续式供料与隔料机构

此外，还有一种利用电磁振动使物料向前输送和定向的电磁振动料槽，它具有结构简单、供料速度快、适用范围广等特点。图 4-7 所示是直槽形振动料槽结构示意图，料槽在电磁铁激振下作往复振动，向前输送物料。这种直槽形振动料槽通过调节电流或电压大小来改变输送速度，需要与各种形式的料斗配合使用。电磁振动料斗是一种专用供料装置，可参考有关资料进行设计。

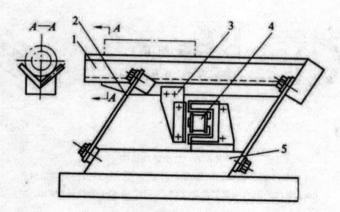

图 4-7　直槽形振动料槽
1—料槽；2—弹簧片；3—衔铁；4—电磁铁；5—基座

第三节　自动线输送系统

一、带式输送机

带式输送机是应用最广泛的输送机械，它是由一条封闭的输送带和承载构件连续输送物料的机械。其特点是工作平稳可靠，易实现自动化，可应用于工厂、仓库、车站、码头、矿山等场合。

基本工作原理：无端输送带绕过驱动滚筒和张紧滚筒，借助输送带与滚筒之间的摩擦力来带动输送带运动，物料经装载装置被运送到输送带，输送带将物料运输至卸载处，最后通过卸载装置将物料卸载至储备间。

现在大型企业只要使用带式输送机，其特点是输送距离长、生产效率高、结构简单、费用低、操作灵活可控、运行平稳、易于操作、使用安全、容易实现自动控制等。

普通的带式输送机在结构上分为输送带、支撑装置、驱动装置、张紧装置、制动装置及改向装置等。带式输送机的结构如图 4-8 所示。

（一）输送带

输送带的作用是传递牵引力和承载物料，要求强度高、耐磨性好、挠性强、伸长率小。输送带按材质可分为橡胶带、塑料带、钢带、金属网带等，其中最常用的是橡胶带；按用途分主要有强力型、普通型、轻型、井巷型、耐热型五种；此外还有花纹型、耐油型等。输送带两端可使用机械接头、冷粘接头和硫化接头连接。机械接头强度仅为带体强度的 35% ～ 40%，应用日渐减少。冷粘接头强度可达带体强度的 70% 左右，应用日趋增多。硫化接头强度能达带体强度的 85% ～ 90%，接头寿命最长，输送带的宽度比成件物料宽度大 50 ～ 100 mm。

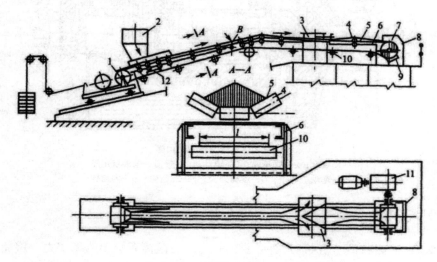

图 4-8　固定带式输送机
1—张紧滚筒；2—装载装置；3—型形卸载挡板；4—槽形托辊；
5—输送带；6—机架；7—驱动滚筒；8—卸载罩壳；
9—清扫装置；10—平托盘；11—减速器；12—空段清扫器

（二）支撑装置

支撑装置的作用是支撑输送带及带上的物料，减少输送带的下垂，使其能够稳定运行。

（三）驱动装置

驱动装置的功用是驱动输送带运动。驱动装置主要包括动力部分、传动部分（减速器和联轴器）和滚筒部分。普通带式输送机的驱动装置通过摩擦传递牵引力，动力部分多数采用电动机。对于通用固定式和功率较小的带式输送机，多采用单滚筒驱动，即电动机通过减速器和联轴器带动一个驱动滚筒运转。驱动滚筒通过与带接触表面产生的摩擦力带动输送带运行。传动装置多采用皮带、链条或齿轮传动，还可采用电动滚筒传动。

图 4-9 所示是电动滚筒的结构图，它把电动机和传动装置都装在驱动滚筒内部，因而结构紧凑、质量轻、便于布置，操作安全。减速器的内齿轮与滚筒外壳做固定连接。当电动机转动时，通过一套齿轮机构传动内齿轮，驱动滚筒外壳旋转，从而带动输送带。

为有效传递牵引力，输送带与驱动滚筒间必须有足够的摩擦力。驱动滚筒分光面和胶面两种，其中光面滚筒摩擦系数较小。在功率不大、环境湿度较小的情况下，宜采用光面滚筒；当环境潮湿、功率较大、容易打滑时，宜采用胶面滚筒。

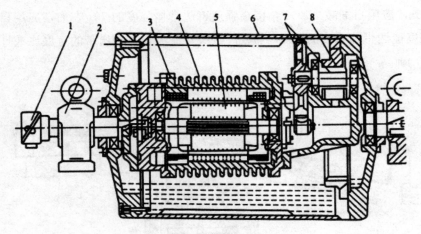

图 4-9　电动滚筒的结构图
1—接线盒；2—轴承座；3—电动机外壳；4—电动机定子；
5—电动机转子；6—滚筒外壳；7—正齿轮；8—内齿轮

（四）张紧装置

张紧装置的作用：一是保证带有必要的张力，与滚筒有必要的摩擦力，避免打滑；二是限制带在各种支撑滚柱间的垂度，使其在允许的范围内。张紧装置的主要结构形式有小车重锤式、螺旋式和垂直重锤式三种。

（五）制动装置

在倾斜式的带式输送机中，为防止其停车时因物料重力作用而发生反向运动，须在驱动装置中设置制动装置。通常制动装置可分为滚柱逆制器、带式逆制器、电磁瓦块式和液压式电磁制动器。

（六）改向装置

此装置是用来改变输送方向的装置。在末端改向可采用改向滚筒；在中间改向可采用几个支撑滚柱或改向滚筒。

二、链式输送机

链式输送机由链条、链轮、电动机、减速器、联轴器等组成，如图 4-10 所示。长距离输送的链式输送机还有张紧装置和链条支撑导轨。链条由驱动链轮牵引，链条下面有导轨，支撑着链节上的套筒辊子。货物直接压在链条上，随着链条的运动而向前移动。

输送链条多采用套筒滚子链，如图 4-11 所示。输送链与传动链相比，链条较长，质量大。一般将输送链的节距制成为普通传动链的两倍或三倍以上，这样可减少校链个数，减小链条质量，提高输送性能。链轮齿数对输送链性能影响较大，齿数太少会使链条运行平稳性变差，而且冲击、振动、噪声、磨损加大。根据链条速度不同，最小链轮齿数可取 13～21 齿。链轮齿数过多会导致机构庞大，一般最多采用 120 齿。

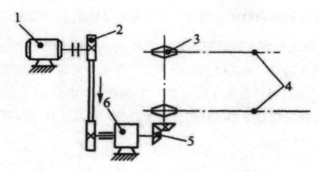

图 4-10　链式输送机
1—电动机；2—联轴器；3—链轮；4—链条；5—锥齿轮；6—减速器

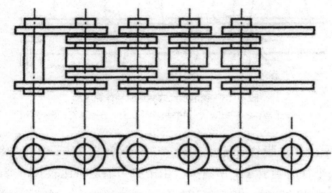

图 4-11　输送链示意图

链式输送系统中，物料一般通过链条上的附件（特殊链条）带动前进。附件可用链条上的零件扩展而成，如图 4-12 所示，同时还可以配置二级附件（如托架、料斗、运载机构等），用链条和托板组成的链板输送机也是一种广泛使用的连续输送机械。

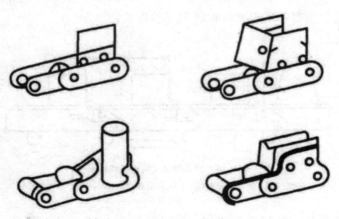

图 4-12　特殊链条示意图

三、步伐式输送机

步伐式输送机是自动线上常用的工件输送装置，有棘爪式、摆杆式等多种形式，适用于加工箱体和杂类零件的组合机床自动线。最常见的是棘爪步伐式输送机。

图 4-13 所示是棘爪步伐式输送机的动作原理图。在输送带 1 上装有若干个棘爪 2，每一棘爪都可绕销轴 3 转动，棘爪 2 的前端顶在工件 4 的后端，棘爪 2 的下端被挡销 6 挡住。当输送带 1 向前运动时，棘爪 2 就带动工件移动一个步距 t；当输送带 1 回程时，棘爪 2 被工件压下，于是绕销轴 3 回转而将弹簧 5 拉伸，并从工件下面滑过，待退出工件之后，棘爪又复而抬起。

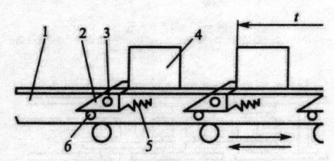

图 4-13　棘爪步伐式输送机动作原理图
1—输送带；2—棘爪；3—销轴；4—工件；5—弹簧；6—挡销

如图 4-14 所示，棘爪步伐式输送机由一个首端棘爪 1、若干个中间棘爪 2 和一个末端棘爪 3 装在两条平行的侧板 4 上所组成。由于整个输送带比较长，考虑到制造及装配工艺性，一般都把它做成若干节，然后再用连接板 5 连接起来。输送带中间的棘爪一般都做成等距离的，但根据实际需要，也可以将某些中间棘爪的间距设计成不等距的。自动线的首端棘爪及末端棘爪与其相邻棘爪之间的距离，根据实际需要，可以做得比输送步距短一些，但首端棘爪与相邻棘爪的间距至少应可容纳一个工件。棘爪步伐式输送机在输送速度较高时易导致工件的惯性滑移，为保证工件终止位置的准确，运行速度不能太高。此外，由于切屑掉入，偶尔也有棘爪卡死、输送失灵的现象。

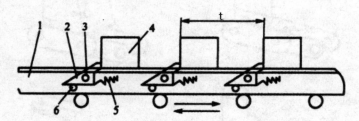

图 4-14　棘爪步伐式输送机结构图
1—首端棘爪；2—中间棘爪；3—末端棘爪；4—侧板；5—连接板

为了避免棘爪步伐式输送机的缺点，可采用如图 4-15 所示的摆杆步伐式传送装置，它具有刚性棘爪和限位挡块。输送摆杆 1 在驱动液压缸 5 的推动下向前移动，其上的挡块卡着工件移到下一个工位。输送摆杆 1 在后退运动前，在回转机构 2 的作用下做回转摆动，以便使棘爪和挡块回转到脱开工件的位置，当返回后再转至原来位置，为下一步做好准备。这种传送带可以保证终止位置准确，输送速度较高，常用的输送速度为 20 m/min。

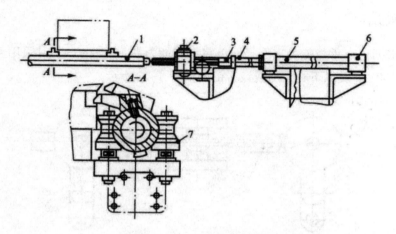

图 4-15 摆杆步伐式传送装置

1—输送摆杆；2—回转机构；3—回转接头；4—活塞杆；

5—驱动液压缸；6—液压缓冲装置；7—支撑辊

四、悬挂输送系统

悬挂输送系统适用于车间内成件物料的空中输送。悬挂输送系统节省空间，且更容易实现整个工艺流程的自动化。悬挂输送系统分为通用悬挂输送系统和积放式悬挂输送系统两种。悬挂输送机由牵引件、滑架小车、吊具、轨道、张紧装置、驱动装置、转向装置和安全装置等组成，如图 4-16 所示。

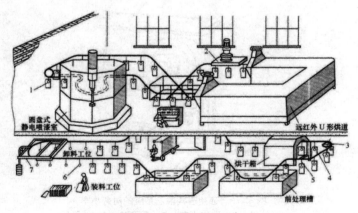

图 4-16 通用悬挂输送机

1—工件；2—驱动装置；3—转向装置；4—轨道；

5—滑架小车；6—吊具；7—张紧装置

　　积放式悬挂输送系统与通用悬挂输送系统相比有下列区别：牵引件与滑架小车无固定连接，两者有各自的运行轨道；有岔道装置，滑架小车可以在有分支的输送线路上运行；设置停止器，滑架小车可在输送线路上的任意位置停车。下面针对悬挂输送机的牵引件、滑架小车和转向装置做简单介绍。

（一）牵引件

　　牵引件根据单点承载能力来选择，单点承载能力在 100 kg 以上时采用可拆链，单点承载能力在 100 kg 及以下时采用双铰接链，如图 4-17 所示。

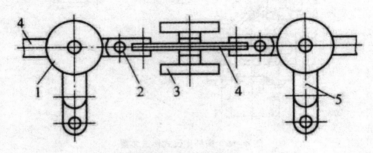

图 4-17　双铰接链
1—行走轮；2—铰销；3—导向轮；4—链片；5—吊板

（二）滑架小车

　　通用悬挂输送系统的滑架小车如图 4-18 所示。装有物料的吊具挂在滑架小车上，牵引链牵动滑架小车沿轨道运行，将物料输送到指定的工作位置。滑架小车有许用承载重量，当物料重量超过这个值时，可设置两个或更多的滑架小车来悬挂物料，如图 4-19 所示。积放式通用悬挂输送系统的滑架小车如图 4-20 所示，牵引链的推头推动滑架小车向前运动。

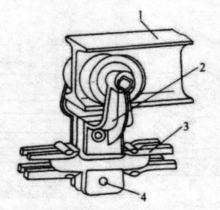

图 4-18　通用悬挂输送系统的滑架小车
1—轨道；2—滑架小车；3—牵引链；4—挂吊具

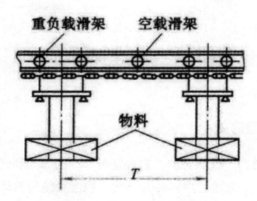

图 4-19　双滑架小车示意图

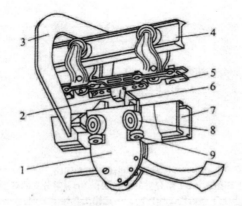

图 4-20　积放式通用悬挂输送系统的滑架小车
1—滑架小车；2—推头；3—框板；4—牵引轨道；5—牵引链；
6—挡块；7—承重轨道；8—滚轮；9—导向滚轮

（三）转向装置

通用悬挂输送机的转向装置由水平弯轨和支承牵引链的光轮、链轮或滚子排组成，图 4-21 所示是三种转向装置的结构形式。转向装置结构形式的选用应视实际工况而定，一般最直接的方法是在转弯处设置链轮。当输送张力小于链条许用张力的 60% 时，可用光轮代替链轮；当转弯半径超过 1 m 时，应考虑采用滚子排作为转向装置。

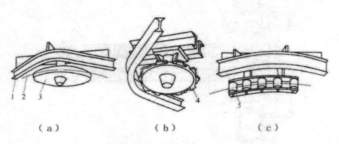

（a）　　　　　　（b）　　　　　　（c）

图 4-21　转向装置
（a）光轮转向装置；（b）链轮转向装置；（c）滚子排转向装置
1—水平弯轨；2—牵引链条；3—光轮；4—链轮；5—滚子排

第四节　柔性物流系统

一、柔性物料储运形式

柔性物料输送系统是为 FMS 服务的，它决定着 FMS 的布局和运行方式。由于大部分的 FMS 站点多，输送线路长，输送的物料种类不同，物流系统的整体布局比较复杂。一般可以采用基本回路来组成 FMS 的输送系统，图 4-22 所示为几种典型的物料储运形式。

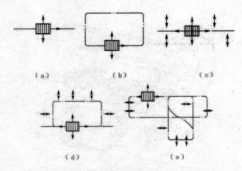

图 4-22　典型物料储运基本回路
（a）直线型；（b）环型；（c）带分支的直线型；（d）带分支的环型；（e）网络型
▥▥运输工具；↑上下料机构工作方向；→运输工具运动方向；←→有支路移动

（一）直线型储运形式

图 4-23 所示为直线型储运形式，这种形式比较简单，在我国现有的 FMS 中较为常见。它适用于按照规定的顺序从一个工作站到下一个工作站的工件输送，输送设备做直线运动，在输送线两侧布置加工设备和装卸站。直线型储运形式的线内储存量小，常须配合中央仓库及缓冲站。

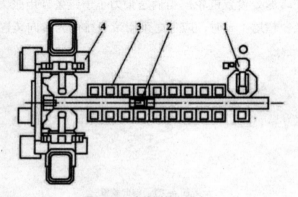

图 4-23　直线型储运形式
1—工作装卸站；2—有轨小车；3—托盘缓冲站；4—加工中心

（二）环型储运形式

环型储运形式的加工设备、辅助设备等布置在封闭的环形输送线的内外侧。输送线上可采用各类连续输送机、输送小车、悬挂式输送机等设备。在环形输送线上，还可增加若干条支线，用作储存或改变输送线路。故其线内储存量较大，可不设置中央仓库。环型储运形式便于实现随机存取，具有非常好的灵活性，所以应用范围较广。

（三）网络型储运形式

如图 4-24 所示，这种储运形式的输送设备通常采用自动导向小车。自动导向小车的导向线路埋设在地下，输送线路具有很大的柔性，故加工设备敞开性好，物料输送灵活，在中、小批量的产品或新产品试制阶段的 FMS 中应用越来越广。网络型储运形式的线内储存量小，一般须设置中央仓库和托盘自动交换器。

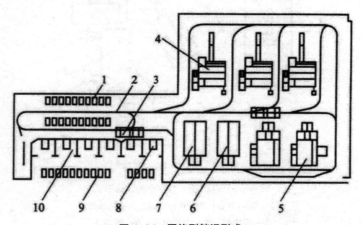

图 4-24　网络型储运形式
1—托盘缓冲站；2—输送回路；3—自动导向小车；4—立式机床；
5—加工中心；6—研磨机；7—测量机；8—刀具装卸站；
9—工件存储站；10—工件装卸站

（四）以机器人为中心的储运形式

图 4-25 所示是以机器人为中心的输送形式。它是以搬运机器人为中心，加工设备布置在机器人搬运范围内的圆周上。一般机器人配置了夹持回转类零件的夹持器，因此它适用于加工各类回转类零件的 FMS 中。

二、自动导向小车（AGV）系统

零件在系统内部的搬运所采用的运输工具，目前比较实用的主要有三种：传送带、搬运机器人和运输小车。传送带是从传统的机械式自动线发展而来的，在目前新设计的系统中应用越来越少。由于搬运机器人工作的灵活性强、具有视觉和触觉能力，以及工作精度高等一系列优点，近年来在 FMS 中的应用日趋增多。运输小车的结构变化发展得很快，形式多样，大体上可分为无轨和有轨两大类。有轨小车（Railway Guided Vehicle, RGV）有的采用地轨，像火车的轨道一样；有的采用高架轨道，即把运输小车吊在两条高架轨道上移动。无轨小车因其导向方法的不同而分为有线导向、磁性导向、激光导向和无线电遥控等多种形式。FMS 系统发展的初期，多采用有轨小车，随着 FMS 控制技术的成熟，越来越多地采用自动导向的无轨小车（AGV）。

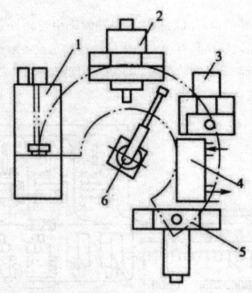

图 4-25　以机器人为中心的储运形式
1—车削中心；2—数控铣床；3—钻床；
4—缓冲站；5—加工中心；6—机器人

（一）AGV 的构成

FMS 中采用 AGV 系统能使系统布局设计具有最大的灵活性。AGV 系统由 AGV 和地面制导与管理系统两部分组成。AGV 也称无人小车，1954 年在美国问世，几十年来其技术日趋成熟，得到广泛应用。AGV 的主要组成部分包括车体、行走驱动机构、物料交换装置、安全防护装置、蓄电池、导向机构、控制系统。选用 AGV 时应考虑其最大载重量、最高行走速度、准停精度、制导方式四项性能指标。

AGV 有平台车、叉车、牵引车三种基本类型，由于平台车结构紧凑、运行灵活，平台上能安装物料交换装置，因此其应用最广泛。

（二）AGV 的制导

AGV 地面制导与管理系统包括：制导／定位系统，交通管理系统，调度操作设备，通信设备，辅助设备。

制导是 AGV 系统的核心技术。制导方式分固定线路、半固定线路和无固定线路三大类，各类中又有多种制导方法。最常用的有以下几种方法：

1. 电磁制导

电磁制导的原理是沿 AGV 的运行路线，把电缆埋在地下几厘米深的沟中，当通以 $3 \sim 10$ kHz 电流时，安装在 AGV 上的耦合线圈就能检测出小车对路线的偏移，从而控制 AGV 的运行方向。这种方法具有电缆不易被损坏、工作可靠的优点，但铺设电缆工程量大，改变或扩充线路困难，线路附近不允许有磁性物质。实用化的 AGV 大多采用电磁制导。

2. 激光制导

沿着小车行走路线用激光束对 AGV 扫描，AGV 的激光检测器接收到激光后将其转变成制导信号，控制 AGV 的运行方向。在二维空间中布置激光器，控制其扫描就能引导 AGV 沿任意弯曲路线行走；在某一点定向发射激光，通过光传感器就能引导 AGV 沿固定的直线路径运行。激光制导对地面没有特殊要求，因此，如果受地面条件限制不能采用电磁制导或光反射制导，则可以采用激光制导。

3. 标记跟踪制导

在 AGV 运行的线路上贴些导向标记（或反射板、彩球等），通过安装在 AGV 上的电视摄像机识别这些标记、判定行进方向。

（三）AGV 的控制和保护

AGV 在 FMS 中自动运行时，其作业过程由作业点呼叫、中央控制室调度、AGV 行驶、物料交换等步骤构成。AGV 控制是指 AGV 行驶控制和物料交换器控制。AGV 控制系统由检测单元、控制单元、驱动单元组成。对简单的 FMS，可以把 AGV 的运行程序预先存储到车载控制装置的微型计算机中，让 AGV 按照该程序自动运行。对比较复杂的 FMS，为了提高 AGV 的运行效率，应让中央控制室与 AGV 进行信息交换。控制调度系统可采用无线电通信方式，借助地面通信控制装置和车载通信控制装置，实现中央控制室和 AGV 的通信控制。

AGV 与某设备交换物料，必须准确地停靠到其作业地点。使 AGV 准停的方法有：在 AGV 停靠地点用定位销限位，可以使整台小车或只是车上的托盘准停；在 AGV 停靠地点布置导轨或在 AGV 上装导向杆，在准停地点安装引导装置而实现准停；采用里程表、编码器、接近开关、光电传感器等。在 AGV 上安装接触传感器或超声波安全保护装置，可保护 AGV 在行驶线路上不受异物损害。

三、自动仓库

自动仓库又称立体仓库。FMS 中采用自动仓库不仅能有效地存取和保管毛坯、成品、工夹具、自制件、外购配件，还能控制调节物料流动，准确统计库存物料的种类、规格、数量，实时地向各作业点提供急需物料，为上层管理系统提供物流信息，实现订货、生产计划、物料控制的集成。

（一）自动仓库的种类及其结构

自动仓库由货架和存取货物的设备组成，每排货架按列和层分成若干大小相等的货格，物料放在托盘上（或货箱中）存入货格。根据存取货物时货架和物料的状态特点，可将自动仓库区分成固定式自动仓库和循环式自动仓库。

1. 固定式自动仓库

固定式自动仓库由货架、堆垛机、载货工具、进出库作业站和进出库控制装置组成。固定式自动仓库的货架可以与车间的墙壁和天花板建成一体，使其成为厂房设计的一部分，也可以作为独立的结构体，把它建在车间内某一地方。每排货架都被水平地分成若干层和垂直地分成若干列，层列交错地在货架上隔出货格。若干排货架平行布置就能构筑出大型自动仓库，货架之间的空间称为巷道。巷道、货架的层、货架的列组成了 x、y、z 三维立体空间，一个货格唯一地对应着直角坐标系的一个坐标点。

堆垛机又称自动巷道车，它可以在巷道中沿 x 轴方向运行，其升降台和载货台（含货物存取装置，如货叉）可沿 y、z 轴方向移动，因此堆垛机能对巷道两侧货架中的每件货物进行存取和输送。自动仓库的每条巷道至少有一台堆垛机。

使用载货工具（例如托盘、零件盘、货箱）实施物料自动存取和输送。托盘是一种随行夹具，大、中型零件通常装夹在托盘上直接送到机床加工，小型零件的装载多用零件盘，散件常用货箱。

只有经过进出库作业站才能实现货物入、出库。在该作业站可以安排操作人员协同工作。在进出库控制装置的控制下，摆放在进出库作业站上的物料（放在托盘上或放到货箱中），可以被堆垛机取走，送到预定的货格中存储起来；反之，堆垛机也可以从指定的货格中取出物料，送给进出库作业站。

2. 循环式自动仓库

物料随回转台一起做水平回转运动。如果操作人员设定了一个货位号，当该货位到达进／出库站时，自动仓库便停止运转，自动存／取货装置就可实施物料的进／出库操作。

把水平循环自动仓库竖立起来，就成为垂直循环自动仓库，其物料随回转台一起做垂直回转运动。垂直循环自动仓库的控制方式与水平循环自动仓库完全一样，但物料的进／出库操作是在某一设计高度上实施的。

将水平循环自动仓库多层叠置，就构成了多层水平循环自动仓库，其每层货位均可独立地水平回转，互不制约地实施进／出库操作。这种仓库能迅速地完成物料的分类、检索、挑选、进出库操作。

与固定式自动仓库比较，循环式自动仓库的规模比较小，货架之间一般不需要通道，多用于物料的短期管理，效率较高。

（二）自动仓库的管理和控制

FMS 的自动仓库采用多级分布式控制，包括以下方面：

1. 预处理计算机层

负责对货物编码（如条形码）识别的信息进行预处理，并把与货箱零件有关的信息送到管理计算机上登记。

2. 管理计算机层

担当对整个自动仓库的物料、账目、货位及其信息进行管理的任务，按均匀分配原则把入库货箱分配给各条巷道，按先进先出原则调用库存物料，还能提供库存查询和打印报表的任务。

3. 通信监控机层

接受管理计算机的作业命令包，将其拆包、分解、数据处理，按巷道对作业命令进行分类排序，并下达给堆垛机控制器和运输机控制器执行。还能显示出指定作业的地址和各巷道的作业箱数，监视实际运行地址和实际完成的作业箱数。

4. 堆垛机控制器

执行通信监控计算机的作业命令，合理设定堆垛机的运行速度，控制堆垛机按遥控方式或全自动在线方式运行，使之从事入库、出库、转库等工作。还能在屏幕上显示出作业目的地址和运行地址，显示堆垛机运行的 X 向速度和 Z 向速度的大小与方向，显示伸叉方向。还给堆垛机安全运行提供一些保护措施，例如，当堆垛机出现小故障，启动暂停功能可使其停止运行，排除故障后再让它继续工作；当货叉占位、取货无箱、存货占位等现象发生时，能及时报警并做出相应处理。

5. 运输机控制器

执行通信监控计算机的作业命令，从作业地址中取出巷道号，对其进行数据处理，依照处理结果控制分岔点的停止器，使货箱在运输机上自动分岔。

第五章　加工刀具自动化

第一节　刀具的自动装夹

一、自动化刀具的特点和结构

（一）自动化刀具的特点

自动化刀具与普通机床用刀没有太大的区别，但为了保证加工设备的自动化运行，自动化刀具需要具有以下特点：①刀具的切削性能必须稳定可靠，应具有较高的使用寿命和可靠性；②刀具应能可靠地断屑或卷屑；③刀具应具有较高的精度；④刀具结构应保证其能快速或自动更换和调整；⑤刀具应配有工作状态在线检测与报警装置；⑥应尽可能地采用标准化、系列化和通用化的刀具，以便于刀具的自动化管理。

（二）自动化刀具的结构

自动化刀具通常分为标准刀具和专用刀具两大类：在以数控机床、加工中心等为主体构成的柔性自动化加工系统中，为了提高加工的适应性，同时考虑到加工设备的刀库容量有限，应尽量减少使用专用刀具，而选用通用标准刀具、刀具标准组合件或模块式刀具。例如，新型组合车刀（如图 5-1）是一种典型的刀具标准组合件，它将刀体与刀柄分别做成两个独立的元件，彼此之间是通过弹性凹槽连接在一起的，利用连接部位的中心拉杆（通过液压力）实现刀具的快速夹紧或松开。这种刀具最大的特点是刀体稳固地固定在刀柄底部凸出的支撑面上，这样的设计既能保证刀尖高度的精确位置，又能使刀头悬伸长度最小，实现了刀具由动态到静态的刚度。此外，它还能和各种系列化的刀具（如镗刀、钻头和丝锥等）夹头相配，实现刀具的自动更换。

常用的自动化刀具有可转位车刀、高速工具钢麻花钻、机夹扁钻、扩孔钻、铰刀、镗刀、立铣刀、面铣刀、丝锥和各种复合刀具等。选用刀具时常须考虑刀具的使用条件、工件的厚度、断屑与否以及刀具和刀片生产供应情况等诸多因素，若选择得当，则事半功倍。

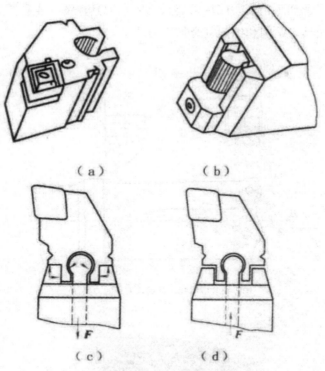

（a）　　　　　　　　（b）

（c）　　　　　　　　（d）

图 5-1　新型组合车刀
（a）刀体；（b）刀柄；（c）夹紧；（d）松开

如图 5-2 所示是可转位刀具的结构，它是一种将带有若干个切削刃口及具有一定几何参数的多边形刀片，用机械夹固方法夹紧在刀体上的刀具，是有利于提高数控机床的切削效率、实现自动化加工的刀具。

（a）　　　　　　　　（b）

图 5-2　可转位刀具的结构
（a）可转位面铣刀；（b）可转位立铣刀

另外，由于带沉孔、带后角刀片的刀具（图 5-3）具有结构紧凑、断屑可靠、制造方便、刀体部分尺寸小、切屑流出不受阻碍等优点，也可优先用作自动化加工刀具。为了集中工序，提高生产率及保证加工精度，应尽可能采用复合刀具，图 5-4 和图 5-5 所示分别是侧铣和面铣复合加工刀具、钻削和镗削复合加工刀具。

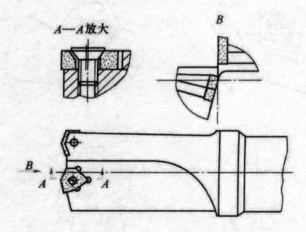

图 5-3　带沉孔、带后角刀片的刀具

图 5-4　侧铣和面铣复合加工刀具

图 5-5　钻削和镗削复合加工刀具

二、自动化刀具的装夹机构

为了提高机械加工的效率，实现快速地切换刀具，就需要在刀具和机床之间装配一个装夹机构，建立一套完整的工具系统，最终实现刀具的刀柄与接杆标准化、系列化和通用化。更完善的工具系统还应包括自动换刀装置、刀库、刀具识别装置和刀具自检装置，更进一步地满足了机床的快速换刀和高效切削的要求。

（一）工具系统的分类

比较常用的工具系统有 TSG 系统（镗铣类数控机床用工具系统）和 BTS 系统（车床类数控机床用工具系统）两类。工具系统主要由刀柄、接柄和夹头等部分组成。工具系统关于刀具与装夹工具的结构有明确的规定。数控工具系统可分为整体式和模块式两种。整体式的特点是每把工具的柄部与夹持工具的工作部分连成一体，因此，不同品种和规格的工作部分都必须加工出一个能与机床连接的柄部，致使工具的规格多、品种多，给生产和管理带来了极大的不利。模块式工具系统是把工具的柄部和工作部分分割开来，制成各种系列化模块，然后经过不同规格的中间模块，组装成不同规格的工具。这样不仅方便了制造、保管和使用，而且以最少的工具库存满足了不同零件的加工任务，所以它是工具系统的发展趋势。图 5-6 是镗铣类数控机床上用的模块式工具系统的结构示意图。图 5-6（a）所示为与机床相连的工具锥柄，其中带夹持梯形槽的适用于加工中心，可供机械手快速装卸锥柄用；图 5-6（b）和图 5-6（c）所示为中间接杆，它们有多种尺寸，以保证工具各部分有所需的轴向长度和直径尺寸；图 5-6（d）和图 5-6（e）所示为用于装夹镗刀的中间接杆，内有微调镗刀尺寸的装置；图 5-6（f）所示为另一种接杆，它的一端可连接不同规格直径的粗、精加工刀头体或面铣刀、弹簧夹头、圆柱形直柄刀具和螺纹切头等，另一端则可直接与锥柄或其他中间接杆相连接。可将这些模块组成刀具实现通孔加工、粗镗、半精镗、精镗孔及倒角、镗阶梯孔、镗同轴孔及倒角以及钻、镗不通孔等的组合加工。

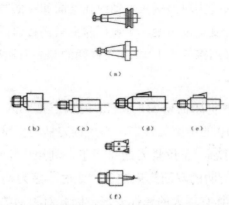

图 5-6 模块式工具系统的结构示意图
（a）与机床相连的工具锥柄；（b），（c）中间接杆；
（d），（e）用于装夹镗刀的中间接杆；（f）可连接不同规格的接杆

（二）自动化刀具刀柄和机床主轴的连接

自动化加工设备的刀具和机床的连接，必须通过与机床主轴孔相适应的工具柄部、与工具柄部相连接的工具装夹部分和各种刀具部分来实现。而且随着高速加工技术的广泛应用，刀具的装夹对高速切削的可靠性与安全性以及加工精度等具有至关重要的影响。

在传统数控铣床、加工中心类机床上，一般都采用图 5-7 所示的锥度为 7∶24 的 BT 系统圆锥柄工具。这种刀柄依靠锥面定位的单面接触，通过拉钉和主轴内的拉刀装置固定在主轴上，这种锥柄不自锁，换刀方便，与直柄相比有较高的定心精度和刚度。BT 刀柄的最佳转速范围为 0 ～ 12 000 r/min，当速度达到 15 000 r/min 以上时，会由于精度降低而无法使用。

图 5-7　BT 刀柄

高速加工（切削）技术既是机械加工领域学术界的一项前沿技术，图 5-7 BT 刀柄也是工业界的实用技术，已经在航空航天、汽车和模具等行业得到广泛应用。考虑到高速切削机床主轴和刀具连接时，为克服传统 BT 刀柄仅依靠锥面单面定位而导致的不利因素，宜采用双面约束定位夹持系统实现刀柄在主轴内孔锥面和端面同时定位的连接方法，以保证具有很高的接触刚度和重复定位精度，实现可靠夹紧。目前，市场上广泛用于高速切削刀具连接系统的刀柄，有采用锥度为 1∶10 短锥柄的 HSK 刀柄和在传统 BT 刀柄的基础上改进而来的 BIG-PLUS 刀柄。

HSK 刀柄是德国为高速机床而研发的，HSK 刀柄已被列入 ISO 标准 ISO 12164。HSK 刀柄采用的是锥度为 1∶10 的中空短锥柄，当短锥刀柄与主轴锥孔紧密接触时，在端面间仍留有 0.1 mm 左右的间隙，在拉紧力的作用下，利用中空刀柄的弹性变形补偿该间隙，以实现与主轴锥面和端面的双面约束定位。此时，短刀柄与主轴锥孔间的过盈量为 3 ～ 10 μm。由于中空刀柄具有较大的弹性变形，因此对刀柄的制造精度要求相对较低。此外，HSK 刀具系统的柄部短、重量轻，有利于机床自动换刀和机床小型化，但其中空短锥柄结构也会使系统刚度与强度受到影响。HSK 刀柄有 A、B、C、D、E 等多种形式，图 5-8 是 HSK 刀柄及其内部结构示意图。

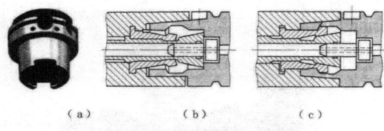

（a）　　　　　　　　（b）　　　　　　　　（c）

图 5-8　HSK 刀柄及其内部结构示意图

（a）HSK 刀柄；（b）松刀；（c）夹紧

BIG-PLUS 刀柄是日本大昭和精机公司开发的锥度为 7：24 的双面定位工具系统，它可与传统单面定位的 7：24 锥度主轴完全兼容，如图 5-9 所示。将刀柄 4 放入主轴 3，通过拉杆 1 和拉钉 2，主轴锥孔产生弹性扩张，实现了刀柄的锥面及法兰端面与机床主轴的锥面及端面完全贴紧。这样就增加了刀柄的基准直径，与普通的 7：24 锥柄相比，其刚性和定位精度都有了大幅度的提高，很好地抑制了加工时的振动，大大减少了机床和刀具间的磨损，使刃具、刀柄乃至机床主轴的寿命都得到了提高。

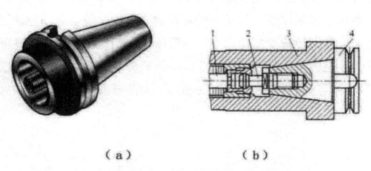

（a）　　　　　　　　　　　　（b）

图 5-9　BIG-PLUS 刀柄及其结构示意图

（a）BIG-PLUS 刀柄；（b）结构示意图

1—拉杆；2—拉钉；3—主轴；4—刀柄

此外，瑞典 Sandvik 公司开发的 CAPTO 模块化工具系统、美国 Kennametal 公司和德国 Widia 公司联合研制的 KM 工具系统、日本株式会社日研工作所开发的 NC5 工具系统等，在相关机床上也有所应用。

（三）自动化刀具和刀柄的连接

刀柄在保证夹持力、夹持精度和控制夹持精度上有十分重要的意义。目前，传统数控机床和加工中心上主要采用弹簧夹头，高速切削的刀柄和刀具的连接方式主要有高精度弹簧夹头、热缩夹头、高精度液压膨胀夹头等。

弹簧夹头如图5-10所示,它一般采用具有一定锥角的锥套(弹簧夹头)作为夹紧单元,利用拉杆或螺母,使套锥内径缩小而夹紧刀具。

图 5-10 弹簧夹头

热缩夹头主要利用刀柄刀孔的热胀冷缩使刀具可靠地夹紧。图5-11所示是热缩夹头加热装置,这种系统不需要辅助夹紧元件,具有结构简单、同心度较好、尺寸相对较小、夹紧力大、动平衡度和回转精度高等优点。与液压夹头相比,其夹持精度更高,传递转矩增大了1.5～2倍,径向刚度提高了2～3倍,能承受更大的离心力。液压夹头是通过拧紧活塞夹紧螺钉,利用压力活塞对液体介质加压,向薄壁膨胀套筒腔内施加高压,使套筒内孔收缩来夹紧刀具的。

图 5-11 热缩夹头加热装置

第二节　自动化换刀装置

一、刀库

刀库是自动换刀系统中最主要的装置之一，通俗地说它是储藏加工刀具的仓库，其功能主要是接收从刀具传送装置送来的刀具和将刀具给予刀具传输装置。刀库的容量、布局以及具体结构因机床结构的不同而差别很大、种类繁多。加工中心的刀库类型如图 5-12 所示。

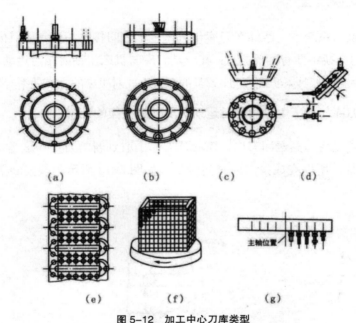

图 5-12　加工中心刀库类型
（a）～（d）鼓轮式刀库；（e）链式刀库；
（f）格子箱式刀库；（g）直线式刀库

鼓轮式刀库又称为圆盘刀库，其中最常见的形式有刀具轴线与鼓轮轴线平行式布局和刀具轴线与鼓轮轴线倾斜式布局两种，具体如图 5-12（a）～图 5-12（d）所示。

这种形式的刀库因为结构特点，在中小型加工中心上应用较多，但因刀具单环排列，空间利用率低，而且刀具长度较长时，容易和工件、夹具干涉。且大容量刀库的外径较大，转动惯量大，选刀运动时间长。因此，这种形式的刀库容量一般不宜超过 32 把刀具。

链式刀库的优点是结构紧凑、布局灵活、容量较大，可以实现刀具的"预选"，换刀快。多环链式刀库的优点是刀库外形紧凑，空间占用小，比较适用于大容量的刀库。若须增加刀具数量，只要增加链条长度，而不增加链轮直径，链轮的圆周速度不变，所以刀库的运动惯量增加不多。但通常情况下，刀具轴线和主轴轴线垂直，因此，换刀必须通过机械手进行，机械结构比鼓轮式刀库复杂。

格子箱式刀库容量较大、结构紧凑、空间利用率高，但布局不灵活，通常将刀库安放于工作台上。有时甚至在使用一侧的刀具时，必须更换另一侧的刀座板。由于它的选刀和取刀动作复杂，现在已经很少用于单机加工中心，多用于FMS（柔性制造系统）的集中供刀系统。

直线式刀库结构简单、容量较小，一般应用于数控车床和数控钻床，个别加工中心也有采用。

二、刀具交换装置

数控机床的换刀系统中，能够在刀库与机床主轴之间传递和装卸刀具的装置称为刀具交换装置。刀具的交换主要有两类方式：其一是刀库与机床主轴的相对运动实现刀具交换；其二是利用机械手交换刀具来实现换刀。刀具的交换方式对机床的生产效率产生直接的影响。

（一）利用刀库与机床主轴的相对运动实现刀具交换的装置

换刀之前必须先将刀具送回刀库，而后从刀库中取到新的刀具，这是一组连贯动作，并不可能同时进行，所以完成换刀的时间较长。如图5-13所示的换刀装置就是采用相对运动的方式。

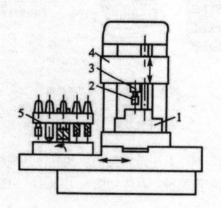

图5-13　利用刀库与机床运动进行自动换刀的数控装置
1—工件；2—刀具；3—主轴；4—主轴箱；5—刀库

由图5-13可见，该机床的鼓轮式刀库的结构较简单，换刀过程却较复杂。它的选刀和换刀由3个坐标轴的数控定位系统来完成，因而每交换一次刀具，工作台和主轴箱就必须沿着 3 个坐标轴做两次来回运动，因而增加了换刀时间。另外，由于刀库置于工作台上，减少了工作台的有效使用面积。

（二）利用机械手实现刀具交换的装置

使用机械手完成换刀应用最广泛，主要是由于机械手换刀的灵活性。此装置的优点是在刀库的布置和添加刀具的功能上不受系统结构功能的限制，从而在整体上提高了换刀速度。

机械手根据不同的机床而品种繁多，在所有的机械手中，双臂机械手最灵活有效。

机械手在运动方式上又可分为单臂单爪回转式机械手、单臂双爪回转式机械手、双臂回转式机械手、双机械手等多种。机械手的运动主要是通过液压、气动、机械凸轮联动机构等来实现。

三、换刀机械手

在自动换刀的数控机床中，机械手的装配形式多样，常见的装配形式如图 5-14 所示。

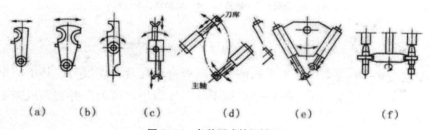

图 5-14　各种形式的机械手
（a）单臂单爪回转式；（b）单臂双爪回转式；（c）双臂回转式；
（d）双机械手式；（e）双臂往复交叉式；（f）双臂端面夹紧式

（一）单臂单爪回转式机械手

此类机械手的手臂可以在空间的任意角度回转换刀，手臂上仅有一个卡爪，不论是在刀库还是主轴，都依靠这一卡爪实现装刀或卸刀，因此完成换刀花费较长的时间，如图 5-14（a）所示。

（二）单臂双爪回转式机械手

此类机械手的手臂上有两个卡爪，两个卡爪的任务各不相同，一个卡爪的任务是从主轴上取下旧刀并送回刀库，另一个卡爪的任务是从刀库取出新刀并送到主轴，换刀效率较高，如图 5-14（b）所示。

（三）双臂回转式机械手

此类机械手有两个手臂，每个手臂各有一个卡爪，如图 5-14（c）所示，两个卡爪可以同时抓取刀库或主轴上的刀具，回转180°后又同时将刀具放回刀库及装入主轴。换刀时间大大提高，比以上两种机械手臂都快，是最常用的形式。图5-15为此类机械手的结构图。

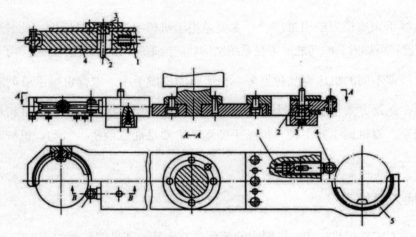

图5-15　JCS-018机械手的手臂和手爪

1、3—弹簧；2—锁紧销；4—活动销；5—手爪

（四）双机械手式

此类机械手相当于两个单臂单爪机械手，两者自动配合实现换刀，其中一个机械手从主轴上取下"旧刀"送往刀库，另一个机械手从刀库取出"新刀"并装入机床主轴，如图5-14（d）所示。

（五）双臂往复交叉式机械手

此类机械手的两个手臂能够往复运动，并能够相互交叉。其中一个手臂将主轴上的刀具取下并送回刀库，另一个手臂从库中取出新刀并装入主轴。这类机械手可沿着导轨直线移动或绕着某个转轴回转，从而实现刀库与主轴的换刀工作，如图5-14（e）所示。

（六）双臂端面夹紧式机械手

此类机械手与前几种机械手仅在夹紧部位上不同。前几种机械手都是通过夹紧刀柄的外圆表面而抓取刀具，而这类机械手则夹紧刀柄的两个端面，如图5-14（f）所示。

四、刀具识别装置

刀具（刀套）识别装置在自动换刀系统中的作用是，根据数控系统的指令迅速准确地从刀具库中选中所需的刀具以便调用。因此，应合理解决刀具的换刀选择方式、刀具的编码方式和刀具（刀套）的识别装置问题。

（一）刀具的换刀选择方式

常用的选刀方式有顺序选刀和任意选刀两种。

1. 顺序选刀

采用这种方法时，刀具在刀库中的位置是严格按照零件加工工艺所规定的刀具使用顺序依次排列，加工时按加工顺序选刀。这种选刀方式无需刀具识别装置，刀库的控制和驱动简单，维护方便。但是，在加工不同的工件时必须重新排列刀库中的刀具顺序，工艺过程中不相邻工步所用的刀具不能重复使用，使刀具数量增加。因此，这种换刀选择方式不适合多品种、小批量生产而适合加工批量较大、工件品种数量较少的中、小型自动换刀数控机床。

2. 任意选刀

采用这种方法时，要预先将刀库中的每把刀具（刀套）进行编码供选择时识别，因此刀具在刀库中的位置不必按照零件的加工工艺顺序排列，增加了系统的柔性，而且同一刀具可供不同工步使用，减少了所用刀具的数量。当然，因为需要刀具的识别装置，使刀库的控制和驱动复杂，也增加了刀具（刀套）的编码工作量。因此，这种换刀选择方式适合于多品种、小批量生产。

由于数控系统的发展，目前绝大多数数控系统都具有刀具任选功能，因此目前多数加工中心都采用任选刀具的换刀方法。

（二）刀具的编码方式

在任意选择的换刀方式中，必须为换刀系统配备刀具的编码和识别装置。其编码可以有刀具编码、刀套编码和编码附件等方式。

1. 刀具编码方式

这种方式是对每把刀具进行编码，由于每把刀具都有自己的代码，因此，可以随机存放于刀库的任一刀套中。这样刀库中的刀具可以在不同的工序中重复使用，用过的刀具也不一定放回原刀套中，避免了因为刀具存放在刀库中的顺序差错而造成的事故，也缩短了换刀时间，简化了自动换刀系统的控制。

刀具编码识别装置的具体结构如图5-16所示。在刀夹前部装有表示刀具编码的5个环，由隔环将其等距分开，再由锁紧环固定。编码环既可以是整体的，也可由圆环组装而成。编码环的直径大小分别表示二进制的"1"和"0"，通过这两种圆环的不同排列，可以得到一系列代码。

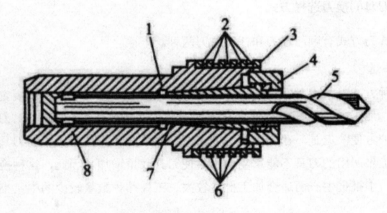

图 5-16　接触式编码环刀具识别装置的刀具夹头
1—刀具夹头；2—隔环；3—锁紧环；4—锁紧螺母；
5—刀具；6—编码环；7—锁紧套；8—柄部

2. 刀套编码方式

这种编码方式对每个刀套都进行编码，同时刀具也编号，并将刀具放到与其号码相符的刀套中。换刀时刀库旋转，使各个刀套依次经过识刀器，直到找到指定的刀套，刀库便停止旋转。由于这种编码方式取消了刀柄中的编码环，使刀柄结构大为简化，因此，识刀器的结构不受刀柄尺寸的限制，而且可以放在较适当的位置，但是这种编码方式在自动换刀过程中必须将用过的刀具放回原来的刀套中，增加了换刀动作。与顺序选择刀具的方式相比，刀套编码的突出优点是刀具在加工过程中可以重复使用。图 5-17 所示为圆盘形刀库的刀套编码识别装置。

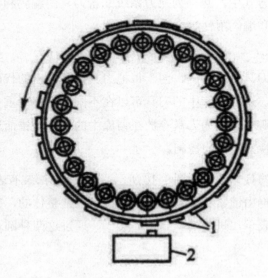

图 5-17　圆盘形刀库的刀套编码识别装置
1—刀套编码块；2—刀套识别装置

3.编码附件方式

编码附件方式可分为编码钥匙、编码卡片、编码杆和编码盘等，其中应用最多的是编码钥匙。这种方式是先给各刀具都缚上一把表示该刀具号的编码钥匙，当把各刀具存放到刀库的刀套中时，将编码钥匙插进刀套旁边的钥匙孔中，这样就把钥匙的号码转记到刀套中，给刀套编上了号码，识别装置可以通过识别钥匙上的号码来选取该钥匙旁边刀套中的刀具。与刀套编码方式类似，采用编码钥匙方式时用过的刀具必须放回原来的刀套中。

编码钥匙的形状如图 5-18（a）所示，图中除导向凸起外，共有 16 个凹凸，可以有 $2^{16}-1=65\ 535$ 种凹凸组合来区别 65 535 把刀具。

图 5-18（b）所示为编码钥匙孔的剖面图，钥匙沿着水平方向的钥匙缝插入钥匙孔座，然后顺时针方向旋转 90°。处于钥匙凸处 6 的第一弹簧接触片 5 被撑起，表示代码"1"，处于钥匙凹处 2 的第二弹簧接触片 7 保持原状，表示代码"0"。由于钥匙上每个凸凹部分的旁边均有相应的炭刷 4 或 1，故可将钥匙各个凹凸部分识别出来，即识别出相应的刀具。这种编码方式称为临时性编码，因为从刀套中取出刀具时，刀套中的编码钥匙也取出，刀套中原来的编码随之消失。因此，这种方式具有更大的灵活性。

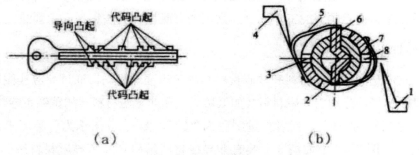

图 5-18 编码钥匙
（a）编码钥匙；（b）编码钥匙孔的剖面图
1、4—炭刷；2—钥匙凹处；3、8—钥匙孔座；5、7—弹簧接触片；6—钥匙凸处

（三）刀具（刀套）的识别装置

刀具（刀套）识别装置是自动换刀系统中的重要组成部分，常用的有以下几种。

1.接触式刀具识别装置

接触式刀具识别装置应用较广，特别适应于空间位置较小的编码，其识别原理如图5-19所示。装在刀柄 1 上的编码环，大直径表示二进制的"1"，小直径表示二进制的"0"，在刀库附近固定刀具识别装置 2，从中伸出几个触针 3，触针数量与刀柄上的编码环 4 对应。每个触针与一个继电器相连，当编码环是大直径时与触针接触，继电器通电，其二进制码为"1"；当编码环为小直径时与触针不接触，继电器不通电，其二进制码为"0"。当各继电器读出的二进制码与所需刀具的二进制码一致时，由控制装置发出信号，使刀库停转，等待换刀。接触式刀具识别装置结构简单，但由于触针有磨损，故寿命较短，可靠性较差，且难以快速选刀。

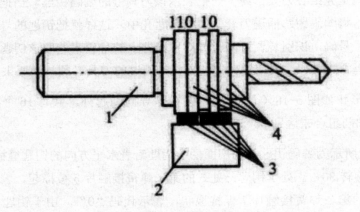

图 5-19 刀具编码识别原理

1—刀柄；2—刀具识别装置；3—触针；4—编码环

2.非接触式刀具识别装置

非接触式刀具识别装置没有机械直接接触，因而无磨损、无噪声、寿命长，反应速度快，适用于高速、换刀频繁的工作场合。常用的有磁性识别法和光电识别法。

（1）磁性识别法

磁性识别法是利用磁性材料和非磁性材料磁感应强弱不同，通过感应线圈读取代码。编码环的直径相等，分别由导磁材料（如低碳钢）和非导磁材料（如黄铜、塑料等）制成，规定前者二进制码为"1"，后者二进制码为"0"。图 5-20 所示为一种用于刀具编码的磁性识别装置。图 5-20 中刀柄 3 上装有非导磁材料编码环 4 和导磁材料编码环 2，与编码环相对应的有一组检测线圈组成非接触式识别装置 1。在检测线圈 6 的一次线圈 7 中输入交流电压时，如编码环为导磁材料，则磁感应较强，在二次线圈 5 中产生较大的感应电压，否则，感应电压小，根据感应电压的大小即可识别刀具。

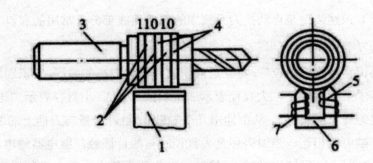

图 5-20 磁性识别刀具编码

1—非接触式识别装置；2—导磁材料编码环；

3—刀柄；4—非导磁材料编码环；5—二次线圈；6—检测线圈；7— 一次线圈

（2）光电识别法

光电刀具识别装置是利用光导纤维良好的光导特性，采用多束光导纤维来构成阅读头。其基本原理是：用紧挨在一起的两束光纤来阅读二进制码的一位时，其中一束光纤将光源投射到能反光或不能反光（被涂黑）的金属表面上，另一束光纤将反射光送至光电转换元件转换成电信号，以判断正对着这两束光纤的金属表面有无反射光。一般规定有反射光为"1"，无反射光为"0"。所以，若在刀具的某个磨光部位按二进制规律涂黑或不涂黑，即可给刀具编码。

近年来，图像识别技术也开始用于刀具识别，还可以利用 PLC 控制技术来实现随机换刀等。

第三节　排屑自动化

一、切屑的排除方法

从加工区域清除切屑的方法取决于切屑的形状、工件的安装方式、工件的材质及采用的工艺等因素。一般有以下几种方法：

第一，靠重力或刀具回转离心力将切屑甩出。这种方法主要用于卧式孔加工和垂直平面加工。为了便于排屑，在夹具、中间底座上要创造一些切屑顺利排出的条件。如加工部位要敞开，夹具和中间底座的平面尽量做成较大的斜坡并开洞，要避免造成堆积切屑的死角等。

第二，用大流量切削液冲洗加工部位。

第三，采用压缩空气吹屑。这种方法对已加工表面或夹具定位基面进行清理，如不通孔在攻螺纹前用压缩空气喷嘴清理残留在孔中的积屑，以及在工件装夹前对定位基面进行吹屑。

第四，负压真空吸屑。在每个加工工位附近安装真空吸管与主吸管相通，采用旋转容积式鼓风机，鼓风机的进气口与管道相接，排气端设主分离器、过滤器。这种方法对于干式磨削工序以及铸铁等脆性材料加工时形成的粉末状切屑最适用。

第五，在机床的适当运动部件上，附设刷子或刮板，周期性地将工作地点积存下来的切屑清除出去。

第六，电磁吸屑。适用于加工铁磁性材料的工件，工件与随行夹具通过自动线后需要退磁。

第七，在自动线中安排清屑、清洗工位。例如，为了将钻孔后的碎屑清除干净，以免下道工序攻螺纹时丝锥折断，可以安排倒屑工位，即将工件翻转，甚至振动工件，使切屑落入排屑槽中。

翻转倒屑装置如图 5-21 所示。当随行夹具被送进支臂 9 后，压力油从轴 2 的 a 孔进入回转液压缸，推动动片 5 带着支臂及随行夹具回转 180°，转到终点时，振臂 4 碰到液压振荡器的柱塞 7，此时液压振荡器通入压力油使柱塞 7 产生往复振荡。柱塞 7 在振荡过程中向右移动时，将振臂 4 反时针方向顶开一个角度，向左复位时，振臂 4 由于机构自重而撞在固定挡块 6 上。如此往复振动，将切屑倒尽。振荡器用时间继电器控制，经过一定时间后，压力油从 b 孔进入液压缸，将支臂连同工件、随行夹具转回原位。

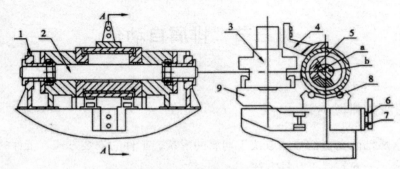

图 5-21 翻转倒屑装置
1—原位开关及振荡控制开关；2—轴；3—随行夹具；4—振臂；
5—动片；6—挡块；7—柱塞；8—辅助滚动支承；9—支臂

二、切屑搬运装置

具有集中冷却系统的自动线往往采用集中排屑。集中排屑装置一般设在底座下的地沟中，也可以贯穿各工位的中间底座。

自动线中常用的切屑搬运装置有平带输屑装置、刮板输屑装置、螺旋输屑装置及大流量切削液冲刷输屑装置。

（一）平带输屑装置

如图 5-22 所示，在自动线的纵向，用宽型平带 1 贯穿机床中部的下方，平带张紧在鼓形轮之间，切屑落在平带上后，被带到容屑地坑 3 中定期清除。这种装置只适用于在铸铁工件上进行孔加工工序，当加工钢件或铣削铸铁件时，切屑会无规律飞溅，落在两层平带之间被带到滚轮处引起故障，故不宜采用，也不能在湿式加工条件下适用。在机械加工设备中这种排屑装置已不再使用。

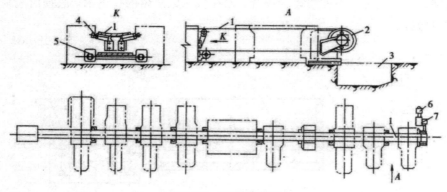

图 5-22 平带输屑装置

1—平带；2—主动轮；3—容屑地坑；4—上支承滚子；5—下支承滚子；6—电动机减速器

（二）刮板输屑装置

如图 5-23 所示，该装置也是沿纵向贯穿自动线铺设，它可以设在自动线机床中间底座内或自动线下方地沟里。封闭式链条 2 装在两个链轮 5 和 6 上，焊在链条两侧的刮板 1 将地沟中的切屑刮到容屑地坑 7 中，再用提升器将切屑提起倒入小车中运走。这种装置不适用于加工钢件时产生的带状切屑。

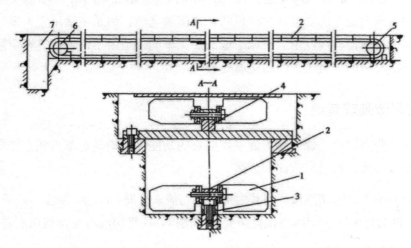

图 5-23 刮板输屑装置

1—刮板；2—封闭式链条；3—下支承；4—上支承；

5、6—链轮；7—容屑地坑

（三）螺旋输送装置

如图 5-24 所示，这种输屑装置适用于各种切屑，特别是钢屑。它设置在自动线机床中间底座内，螺旋器 3 自由放在排屑槽内，它和减速器 1 采用万向接头 2 连接，这样可以使螺旋器随磨损面下降，以保证螺旋器紧密贴合在槽上。排屑槽可采用铸铁或用钢料焊成，铸铁槽耐磨性好，适用于不便修理的场合。设在机床床身内的排屑槽，磨损后应易于更换，一般用钢槽较好。

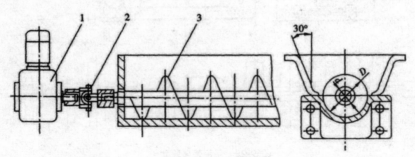

图 5-24　螺旋输屑装置
1—减速器；2—万向接头；3—螺旋器

（四）大流量切削液冲刷排屑装置

这种排屑方式采用大流量的切削液，将加工产生的切屑从机床—加工区冲落到纵向贯穿自动线的下方地沟中。地沟按一定的距离设有多个大流量的切削液喷嘴，将切屑冲向地沟另一端的切削液池中。通过切削液和切屑的分离装置，将切屑提升到切屑箱中，切削液重复使用。采用这种排屑方式需要建立较大的切削液站，增加切削液切屑分离装置。另外，在机床的防护结构上要考虑安全防护，以防止切削液飞溅。该系统适用于不很长的单条自动线，也适用于多条自动线及单台机床组成的加工车间；适用于铝合金等轻金属的切屑处理，也适用于钢及铸铁等材质工件的切屑处理。

三、切削液处理系统

从切削液中分离切屑，保证切削液发挥应有的功能，不论是对单机独立冷却润滑，还是多机集中冷却润滑，都包括沉淀和分离。

经过切削区工作过的切削液，将其中携带的切屑、磨屑、砂粒、灰尘、杂质进行沉淀、分离，使再次供给切削区的切削液保持必要的清洁度，这是切削液正常使用最起码的要求。

（一）沉淀箱和分离器

沉淀箱是最简单、最常用的方法之一。在切削箱中放置至少两块隔离板，如图 5-25 所示。脏切削液绕过隔离板时，就会使杂质沉淀在箱底。这种沉淀方法适用于切屑大、密度大的杂质分离。图 5-26 所示的带刮板链传送带式沉淀箱可用于水基切削液集中冷却处理场合，适用于铸铁件磨削磨粒的沉淀分离。

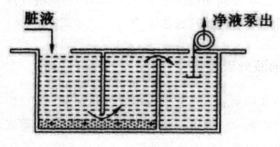

图 5-25　沉淀箱

为了强化沉淀、分离效果，在沉淀箱上可附加多种类型的分离器，如图 5-26 所示的细管分离装置。

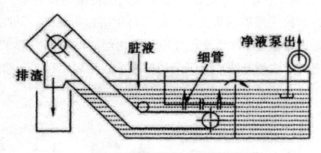

图 5-26　带刮板链传送带式沉淀箱

此外，还有涡旋分离器、磁性分离器、漂浮分离器、离心式分离器、静电式分离器等。其中，涡旋分离器的分离方式为先将液体中的大块带状切屑清除后，再用涡旋分离器将切削液和切屑进一步分离。

（二）过滤装置

以过滤介质对切削液微小颗粒进行过滤，是精加工保证表面质量的重要环节。过滤介质一般分两类：一类是经久耐用、循环使用的，如钢丝、不锈钢丝编织的网，以及尼龙合成纤维编织网和耐用的纺织布等。这一类滤网网眼堵塞后可以清洗重复使用。另一类是一次性的过滤纸、毛毡和纱布。这两类过滤介质的过滤精度一般在 6 ～ 20μm。若要提高过滤精度，就要在上述过滤介质上涂层，涂层物为硅藻土、活性土，最高过滤精度可达 1 ～ 2μm。

过滤装置一般分重力过滤、真空过滤和加压过滤三种形式。重力过滤靠液体本身重量渗透介质，一般需要较大的过滤面积，用于水基切削液集中处理，但不适用于油基切削液。真空过滤（也称负压过滤）应在过滤介质下面设置真空度，靠真空吸引，加快过滤过程，适用于油基切削液及大流量水基切削液集中过滤，过滤精度达 10 ～ 15μm，但过滤介质消耗大、占地面积大。加压过滤是在封闭循环系统中通过泵加压，使切削液通过过滤介质进行过滤。滤网太脏时，可反向通过压缩空气或清洁的切削液反冲、清洗。滤网可为尼龙网、纸质滤芯、陶瓷滤芯、金属丝网滤芯等。

四、切屑及切削液处理装置

长期以来，切削液在切削加工中起着不可缺少的作用，但它也对环境造成了一定的污染。为了减少它的不良影响，一方面可采用干切削或准干切削等先进加工方法来减少切削液的使用量；另一方面要加强对它的净化处理，以便进行回收利用，减少切削液的排放量。下面介绍两种典型的处理装置。

（一）带刮板式排屑装置的处理装置

如图 5-27 所示，切屑和切削液一起沿斜槽 2 进入沉淀池的接收室，大部分切屑向下沉落，顺着挡板 6 落到刮板式排屑装置 1 上，随即将切屑排出池外。切削液流入液室 7，再通过两层网状隔板 5 进入液室 8，这是已经净化的切削液，即可由泵 3 通过吸管 4 送入压力管路，以供再次使用。这种方法适用于用切削液冲洗切屑而在自动线上不使用任何排屑装置的场合。

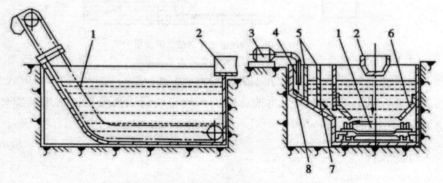

图 5-27　带刮板式排屑装置的处理装置
1—排屑装置；2—斜槽；3—泵；4—吸管；
5—隔板；6—挡板；7、8—液室

（二）负压式纸带过滤装置

如图 5-28 所示，含杂质的切削液流经污液入口 8 注入过滤箱 7，在重力作用下经过滤纸漏入栅板底下的负压室 6，而悬浮的污物则截留在纸带上。启动液压泵 1，将大部分净化切削液抽送至工作区，小部分输入储液箱。当净液抽出后，负压室 6 内的液压下降，开始产生真空，从而可提高过滤能力与效率。待纸带上的屑渣聚积到一定厚度时，形成滤饼，此时过滤能力下降，即使在负压作用下过滤下来的液体仍渐渐少于抽出的液体，致使负压室 6 内的液面不断下降，负压增大，待负压大至一定数值时压力传感器就发出信号，打开储液箱下面的阀，由储液箱放液进入负压室。当注满负压室时，装有刮板的传动装置 4 开始启动，带动过滤纸 9 移动一段距离 L（200 ～ 400 mm），使新的过滤纸工作，过滤速度增大，储液箱下面的阀关闭，进入正常过滤状态，继续下一个负压过滤循环。这种装置不需要专门的真空泵就能形成负压，是一种较好的切削液过滤净化装置。

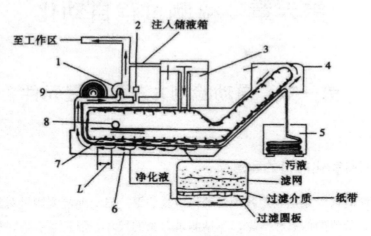

图 5-28 负压式纸带过滤装置

1—液压泵；2—阀；3—储液箱；4—传动装置；5—集渣箱；

6—负压室；7—过滤箱；8—污液入口；9—过滤纸

第六章　检测过程自动化

第一节　自动检测方法及测量元件

一、检测自动化的目的和意义

制造过程检测自动化是利用各种自动化检测装置，自动地检测测量对象的有关参数，不断提供各种有价值的信息和数据（包括测量对象的尺寸、形状、缺陷、加工条件和设备运行状况等）。自动化检测不仅用于被加工零件的质量检查和质量控制，还能自动监控工艺过程，以确保设备正常运行。随着计算机应用技术的发展，自动化检测的范畴已从单纯对被加工零件几何参数的检测，扩展到对整个生产过程的质量控制，从对工艺过程的监控扩展到实现最佳条件的适应控制生产。因此，自动化检测不仅是质量管理系统的技术基础，也是自动化加工系统不可缺少的组成部分。在先进制造技术中，它还可以更好地为产品质量体系提供技术支持。

实现检测自动化可以消除人为的误差因素，使检测结果稳定、可信度高。由于采用先进的测量仪器，提高了检测精度，还可以实现实时动态测量；同时，依据测量结果，容易实现对加工过程积极有效的质量控制，从而保证产品质量。此外，采用加工过程中的自动测量，可以使检测过程与加工过程重合，减少了辅助时间，提高了生产率，也大大减轻了工人的劳动强度。

值得注意的是，尽管已有众多自动化程度较高的自动检测方式可供选择，但并不意味着任何情况都一定要采用。重要的是根据实际需要，以质量、效率、成本的最优结合来考虑是否采用和采用何种自动检测手段，从而取得最好的技术经济效益。

二、自动检测的特征信号

在现代制造系统中，产品质量的控制已不再停留在传统的检测被加工零件的尺寸精度和粗糙度等几何量的单一的直接测量方式，而是扩大至检测和监控影响产品加工质量的机械设备和加工系统的运行状态，间接地、多方面地来保证产品的质量要求和系统运行的可靠性。

机械设备和加工系统的状态变化，必然会在其运行过程中的某些物理量和几何量上得到反映。例如切削过程中刀具的磨损，会引起切削力、切削力矩、振动等特征量的变化。因此，在采用自动检测和监控方法时，根据加工系统和设备的具体条件，正确选择检测的特征信号是很重要的。

可供选择的检测特征信号较多，因此，选择时必须遵循的准则有：①信号能否准确可靠地反映检测对象和工况的实际状态；②信号能否便于实时和在线检测；③检测设备的通用性和经济性。

在加工系统中常用于产品质量自动检测和控制的特征信号有：

（一）尺寸和位移

这是最常用作检测信号的几何量。尺寸精度是直接评价加工件质量的依据，只要有条件，都应尽量直接检测工件尺寸。但是，在实时和在线条件下，直接测量工件尺寸往往有困难，因此可对影响工件加工尺寸的机床运动部件（如刀架、溜板或工作台等）的位移量进行检测，以保证获得要求的工件尺寸精度。

（二）力和力矩

力和力矩是机械加工过程中最重要的物理量，它们直接反映加工系统中的工况变化，如切削力、主轴转矩等都反映刀具的磨损状态，并间接反映工件的加工质量。但这类特征信号在加工过程中直接计量较困难，通常必须通过测量元件或传感器转换成电信号。

（三）振动

这是加工系统中又一种常见的特征信号，它涉及众多的机床及有关设备的工况和加工质量的动态信息，例如刀具的磨损状态、机床运动部件的工作状态等。振动信号便于检测和处理，能得出较精确的测量结果。

（四）温度

在许多机械加工过程中，随着摩擦和磨损的发生和发展，均会随之而出现温度的变化，因此，温度也常作为特征信号被检测和监控。因为过高的温度会导致机械系统的变形而降低加工精度。此外，在磨削加工时，如果磨削区温度过高，就会烧伤工件的磨削表面，降低工件的表面质量。

（五）电流、电压和电磁强度等电信号

由于电信号是人们最熟悉和最便于检测的物理量，特别是在其他物理参数较难直接测量（如主轴转矩）时，就常转换成电信号进行间接检测。因此，在机械加工系统中，检测电信号来控制系统工况以保证加工产品质量是用得最普遍的方法。

机械自动化技术

（六）光信号

随着激光技术、红外技术以及视觉技术的发展和应用，光信号也已经作为特征量用于加工系统的实时检测和监控，例如检测工件表面粗糙度、形状和尺寸精度等。

（七）声音

声信号也是一种常见的物理量，它是由弹性介质的振动而引起的。因此，它和振动信号一样可以从一个侧面来反映加工系统的运行情况。

以上所列均为机械加工系统自动检测和监控时常用的系统特征信号。为了保证加工系统的正常运行和产品的高质量，就需要根据实际生产条件和经济条件，正确选取需要进行检测的特征信号和测试设备，或者若干信号的组合检测。

三、自动检测方法与测量元件

在需要检测的特征参数或信号确定以后或同时，必须选择测量方法和测量元件或传感器。

（一）自动检测方法

自动检测方法有下列几种。

1. 直接测量与间接测量

直接测量是直接从测量仪表的读数获取检测量值的方法，直接测量所得值直接反映检测对象的检测参数（如工件的尺寸大小及其误差）。在某些情况下，由于测量对象的结构特点或测量条件的限制，要采用直接测量有困难，只能通过测量另外一个或多个与它有一定关系的量（如测量刀架位移量控制工件尺寸）来获得检测对象的相关参数，即为间接测量。

2. 接触测量和非接触测量

测量器具的测量头直接与检测对象的表面接触，测量头的移动量直接反映检测参数的变化，称为接触测量。测量头不与工件接触，而是借助电磁感应、光束、气压或放射性同位素射线等强度的变化来反映检测参数的变化，称为非接触测量。由于非接触测量方式的测量头不与测量对象接触而发生磨损或产生过大的测量力，有利于在对象的运动过程中测量和提高测量精度，故在现代制造系统中，非接触测量方式的自动检测和监控方法具有明显的优越性。

3. 在线测量和离线测量

在加工过程或加工系统运行过程中对检测对象进行检测称为在线测量或在线检验，有时还对测得的数据分析处理后，通过反馈控制系统调整加工过程以确保加工质量。如果在检测对象加工后脱离加工系统再进行检测，即为离线测量。离线测量的结果往往需要通过人工干预，才能输入控制系统调整加工过程。

4. 全部（100%）检测和抽样统计检测

对每个检测对象全部进行检验或测量，称为全部检测或 100% 检测。如果只在一批零件中抽样检查和测量，并对测得数据进行统计学分析，然后根据分析结果确定整批对象的质量或系统的工作状态，称为抽样统计检测。当前在用户对产品质量和可靠性要求愈来愈高的情况下，自动检测工作都将在 100% 的基础上进行而尽可能不采用抽样。

（二）测量元件和传感器

在高性能的数控机床上都配备有位置测量元件和测量反馈控制系统。一般要求测量元件的分辨率为 0.001 ～ 0.01mm，测量精度为（±）0.002 ～ 0.02mm/m，并能满足数控机床以 10m/min 以上的最大速度移动。另外，在具有数显装置的机床上，也采用位置测量元件。图 6-1 所示为目前用于数控机床和机床数字显示装置的各种位置测量元件。

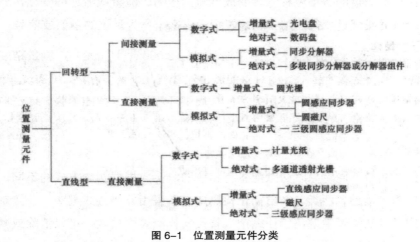

图 6-1　位置测量元件分类

在现代化的制造系统中，接触方法最常用的是坐标测量机和三维测头。坐标测量机是由计算机控制的，它能与计算机辅助设计（CAD）、计算机辅助制造（CAM）连接在一起，构成包括计算机辅助质量控制（CAQC）在内的集成系统。三维测头可用于数控机床和机器人测量站进行自动检测。非接触方法分成光学的和非光学的两大类。光学方法涉及某些视觉系统和激光应用。非光学方法基本上都是用电场原理去感受目标特征，此外，还有超声波和射线技术。

四、制造过程中自动检测的内容

一般地，机械加工工艺过程与机械加工工艺系统（机床、刀具、工件、夹具及辅具）的工作状况都属于自动化检测的内容，主要包括以下几个方面：①对工件几何精度的检测与控制；②对刀具工作状态的检测与控制；③对自动化加工工艺过程的监控。

第二节 工件加工尺寸的自动测量

一、长度尺寸测量

长度测量用的量仪按测量原理可分为机械式量仪、光学量仪、气动量仪和电动量仪四大类。而适于大中批量生产现场测量的，主要有气动量仪和电动量仪两大类。

（一）气动量仪

气动量仪将检测盘的微小位移量转变成气流的压力、流量或流速的变化，然后通过测量这种气流的压力或流量变化，用指示装置指示出来，作为量仪的示值或信号。

气动量仪容易获得较高的放大倍率（通常可达 2 000 ～ 10 000），测量精度和灵敏度均很高，各种指示表能清晰显示检测对象的微小尺寸变化；操作方便，可实现非接触测量；测量器件结构容易实现小型化，使用灵活；对周围环境的抗干扰能力强，广泛应用于加工过程中的自动测量。但对气源的要求高，响应速度略慢。气动量仪一般由指示转换部分和测头两部分组成。

气动量仪在测量不同对象时必须配备有相应的测头。根据测量方式的不同，气动测头可分为接触式和非接触式两类。在自动化检测中主要采用非接触式测头。非接触式测头的结构简单，测量时从喷嘴中逸出的压缩空气直接向检测表面喷吹，可以消除或减少工件表面上残留的油、尘或切削液对测量结果的影响，因而使用较为广泛。图 6-2 为用于测量不同对象的几种非接触式气动测头的结构形式。

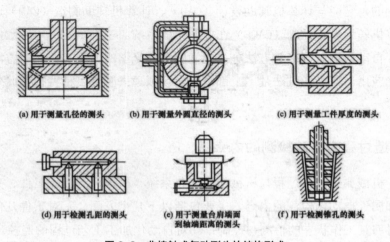

(a) 用于测量孔径的测头　　(b) 用于测量外圆直径的测头　　(c) 用于测量工件厚度的测头

(d) 用于检测孔距的测头　　(e) 用于测量台肩端面到轴端距离的测头　　(f) 用于检测锥孔的测头

图 6-2 非接触式气动测头的结构形式

（二）电动量仪

电动量仪一般由指示放大部分和传感器组成，电动量仪的传感器大多应用各种类型的电感与互感传感器和电容传感器。

1.电动量仪的原理

电动量仪一般由传感器、测量处理电路及显示与执行部分所组成。由传感器将工件尺寸信号转化成电压信号，该电压信号经后续处理电路进行整流滤波后，将处理后的电压信号送至 LCD 或 LED 显示装置显示，并将该信号送至执行器执行相关动作。

2.电动量仪的应用

各种电动量仪广泛应用于生产现场和实验室的精密测量工作。特别是将各个传感器与各种判别电路、显示装置等组成的组合式测量装置，更是广泛应用于工件的多参数测量。

用电动量仪做各种长度测量时，可应用单传感器测量或双传感器测量。用单传感器测量传动装置测量尺寸的优点是只用一个传感器，节省费用；缺点是由于支承端的磨损或工件自身的形状误差，有时会导致测量误差，影响测量精度。图 6-3 是常用的几种单传感器测量传动装置。

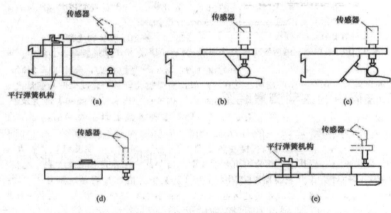

图 6-3 常用的几种单传感器测量传动装置

二、形位误差测量

用于形位误差测量的气动量仪在指示转换部位与用于测量长度尺寸的量仪大致是相同的，只是所采用的测头不同（可根据具体情况参照有关手册进行设计）。用电动量仪进行形位误差测量时，与测量尺寸值不一样，往往需要测出误差的最大值和最小值的代数差（峰-峰值），或测出误差的最大值和最小值的代数和的一半（平均值），才能决定检测工件的误差。为此，可用单传感器配合峰值电感测微仪去测量，也可应用双传感器通过"和差演算"法测量。

图 6-4 是通过"和差演算"法测量同轴度的示意图。采用两个性能、参数一致的传感器 A 和 B，分别置于检测工件的两段轴的最高母线上，并将量仪拨至"A—B"挡上。旋转检测工件，量仪上能读出的最大读数差就是检测工件两轴相互间的同轴度误差。通过"和差演算"法还可以测量平行度、垂直度等形位误差。

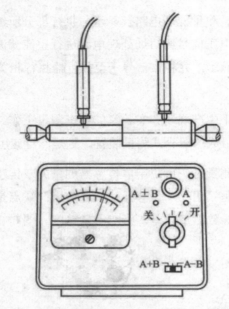

图 6-4　用两个电感测头通过"和差演算"法测量同轴度

三、加工过程中的主动测量装置

加工过程中的主动测量装置一般作为辅助装置安装在机床上。在加工过程中，无须停机测量工件尺寸，而是依靠自动检测装置，在加工的同时自动测量工件尺寸的变化，并根据测量结果发出相应的信号，控制机床的加工过程。

主动测量装置可分为直接测量和间接测量两类。直接测量装置在加工过程中用量头直接测量工件的尺寸变化，主动监视和控制机床的工作。间接测量装置则依靠预先调整好的定程装置，控制机床的执行部件或刀具行程的终点位置来间接控制工件的尺寸。

（一）直接测量装置

根据被测表面的不同，可分测量外圆、孔、平面和测量断续表面等装置。测量平面的装置多用于控制工件的厚度或高度尺寸，大多为单触点测量，其结构比较简单。其余几类装置，由于工件被测表面的形状特性及机床工作特点不同，各具有一定的特殊性。

1. 外圆磨削自动测量装置

图 6-5 所示为单触点测量装置。它由量头 3、浮标式气动量仪 6、晶体管光电控制器

7 和光电传感器 9 所组成。量头 3 安装在磨床工作台上，测量杠杆 2 的硬质合金端面与工件 1 的下母线相接触。另一端面 B 与气动喷嘴 4 之间具有一定的间隙 Z。杠杆 2 的 A 处具有一定的弹性变形，以保持触点对工件的测量力。当工件到达规定的尺寸时，浮标正好切断光电控制器 7 从灯泡 8 发出的光束，于是光电传感器 9 输出一个信号，控制砂轮 5 退出工件。

另外，还有双触点测量装置。双触点测量装置能保证较高的测量稳定性，同时便于自动引进和退离工件，且结构较简单、厚度尺寸小，在自动和半自动的外圆磨床、曲轴磨床上被广泛采用。

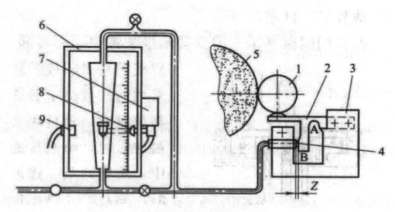

图 6-5　单触点测量装置

1—工件；2—杠杆；3—量头；4—气动喷嘴；5—砂轮；

6—浮标式气动量仪；7—晶体管光电控制器；

8—灯泡；9—光电传感器

2. 断续表面的自动测量装置

测量带有键槽或花键的轴和孔时，必须在量头或测量装置的结构上采取一定的措施，以保证测量示值的准确性和稳定性。

图 6-6 所示为花键轴外圆磨削时的自动测量装置。量杆 1、5 装有硬质合金测量头的一端与工件 4 的外圆表面接触，另一端分别固定在支撑块 7 和 10 上。支撑块 7 和 10 各用两平行的片弹簧 8 支撑着，弹簧 6 用以对工件产生测量力，挡块 9 用以限制支撑块的行程。支撑块 10 上装有带护帽 2 的测量喷嘴 11，护帽的上端面比喷嘴高 0.1mm。在支撑块 7 上装有可调节螺钉，其端面与喷嘴形成测量气隙。这样当花键槽从量头下通过时，由于护帽 2 的作用，其测量气隙总等于 0.1mm，而花键外圆部分与量头接触时，测量气隙的大小取决于工件外径。当花键齿数一定时，在转速恒定的条件下，由于气动量仪存在惯性，所以从喷嘴通往测量气室的压力，是测量键槽和外圆时压力的平均值。由于外径尺寸的变化导致了此平均压力的变化，所以气动量仪发出的信号和示值代表花键轴的外径尺寸。

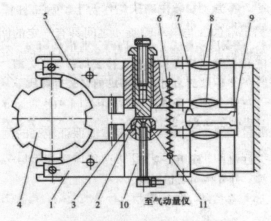

图 6-6　花键轴外圆磨削自动测量装置

1、5—量杆；2—护帽；3—挡销；4—工件；6—弹簧；7、10—支撑块；8—片弹簧；9—挡块；11—喷嘴

（二）间接测量装置

以间接测量法控制加工过程时，不是用测量装置直接检测工件尺寸的变化，而是利用预先调整好的定程装置，控制机床执行机构的行程，或借助于专用的装置检测工具的尺寸，来间接地控制工件的尺寸。

在应用间接测量法的自动测量装置中，通常都具有某种测量发信元件，借检测刀具的行程或尺寸来间接控制工件的尺寸。图 6-7 所示是珩磨过程中采用的间接测量装置的工作原理图。每当珩磨头 1 向上到最高位置时，塑料块 2 进入标准环 3 的孔中，当工件的余量未被切除时，所磨头的外径小于标准环 3 的孔径。在珩磨过程中，珩磨砂条 4 逐渐向外胀开，当工件孔径达到要求的尺寸时，塑料块 2 进入标准环 3 的孔中后，便以摩擦力带动标准环 3 转动，标准环 3 上的销 7 压在信号发送装置 8 上，发出停车信号。

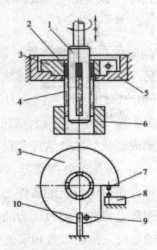

图 6-7　珩磨孔径的间接测量

1—珩磨头；2—塑料块；3—标准环；4—珩磨砂条；5—支架；6—工件；7—销；8—信号发送装置；9、10—挡销

采用这种装置时，必须注意到塑料块 2 与珩磨砂条 4 的磨损不一致，所以应根据塑料块 2 的磨损规律来预先决定标准环孔相应的尺寸，以减少测量误差。

（三）主动测量装置的主要技术要求

第一，测量装置的杠杆传动比不宜太大，测量链不宜过长，以保证必要的测量精度和稳定性。对于两点式测量装置，其上下两测端的灵敏度必须相等。

第二，工作时，测端应不脱离工件。因测端有附加测力，若测力太大，则会降低测量精度和划伤工件表面；反之，则会导致测量不稳定。当确定测力时，应考虑测量装置各部分质量、测端的自振频率和加工条件，例如机床加工时产生的振动、切削液流量等。一般两点式测量装置测力选取在 0.8～2.5 N 之间，三点式测量装置测力选取在 1.5～4 N 之间。

第三，测端材料应十分耐磨，可采用金刚石、红宝石、硬质合金等。

第四，测臂和测端体应用不导磁的不锈钢制作，外壳体用硬铝制造。

第五，测量装置应有良好的密封性。测量臂和机壳之间、传感器和引出导线之间、传感器测杆与套筒之间均应有密封装置，以防止切削液进入。

第六，传感器的电缆线应柔软，并有屏蔽，其外皮应是防油橡胶。

第七，测量装置的结构设计应便于调整，推进液压缸应有足够的行程。

第三节　刀具磨损和破损的检测与监控

一、刀具磨损的检测与监控

（一）刀具磨损的直接检测与补偿

在加工中心或柔性制造系统中，加工零件的批量不大，且常为混流加工。为了保证各加工表面应具有的尺寸精度，较好的方法是直接检测刀具的磨损量，并通过控制系统和补偿机构对相应的尺寸误差进行补偿。

刀具磨损量的直接测量，对于切削刀具，可以测量刀具的后刀面、前刀面或刀刃的磨损量；对于磨削，可以测量砂轮半径磨损量；对于电火花加工，可以测量电极的耗蚀量。

图 6-8 为镗刀刀刃的磨损测量原理图。当镗刀停在测量位置时，测量装置移近刀具并与刀刃接触，磨损测量传感器从刀柄的参考表面上测取读数，刀刃与参考表面的两次相邻的数值变化即为刀刃的磨损值（该数据由磨损测量传感器测量）。测量过程、数据的计算

和磨损值的补偿过程都可以由计算机系统进行控制和完成。

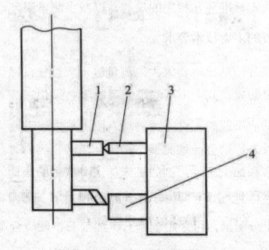

图6-8　镗刀刀刃的磨损测量原理
1—参考表面；2—磨损传感器；3—测量装置；4—刀具触点

（二）刀具磨损的间接测量和监控

目前测量刀具的磨损值，多采用间接测量方式。除工件尺寸外，还可以采用切削力或力矩、切削温度、振动参数、噪声、加工表面粗糙度和刀具寿命等作为衡量刀具磨损程度的判据。

1.以切削力为判据

切削力变化可直接反映刀具的磨损情况。刀具在切削过程中磨损时，切削力会随之增大，如果刀具破损，切削力会剧增。在系统中，由于加工余量的不均匀等因素也会使切削力变化。为了避免因此而误判，取切削分力的比值和比值的变化率作为判别的特征量，即在线测得三个切削分力 Fx、Fy 和 Fz 的相应电信号，经放大后输入除法器，得到分力比 Fx/Fy 和 Fy/Fz，再输入微分器得到 $d(Fx/Fy)/dt$ 和 $d(Fy/Fz)/dt$，将这些数值再输入相应的比较器中，与设定值进行比较。这个设定值是经过一系列试验后得出的，为刀具尚能正常工作或已破损的阈值。当各参量超过设定值时，比较器输出高电平信号，这些信号输入由逻辑电路构成的判别器中，判别器根据输入电平值的高低，可得出是否磨损或破损的结论。这种方法实时性较好，具有一定抗干扰能力。

对于加工中心类机床，由于刀具经常需要更换，测力装置无法与刀具安装在一起。最好的办法是将测力装置设置在主轴轴承处，一方面可以不受换刀的影响，另一方面此处离刀具切入工件处较近，对直接检测切削力的变化特别敏感，测量过程是连续的，能监测特别容易折断的小刀具。轴承的外圈上装有应变片，通过应变片采集与负载成正比的信号。连接应变片的电缆线通常是从轴承的轴肩端面引出，与放大器和微处理器控制的电子分析装置连接，并通过数据总线传输到计算机控制系统，测力轴承监测到的切削力信号不断与程序中的参考数值进行比较。加工中心所须监测的刀具，都有相应的切削力参考值或参考模型，通过高一级计算机的管理程序调用，使其与正在工作的刀具相匹配，并根据测量结果控制刀具的更换。

2. 以振动信号为判据

振动信号对刀具磨损和破损的敏感程序仅次于切削力和切削温度。在刀架的垂直方向安装一个加速度计拾取和引出振动信号，通过电荷放大器、滤波器、模数转换器后，送入计算机进行数据处理和比较分析。在判别刀具磨损的振动特征量超过允许值时，控制器发出换刀信号。须指出的是，由于刀具的正常磨损与异常磨损之间的界限的不确定性，要事先确定一个设定值较困难，最好采用模式识别方法构造判别函数，并且能在切削过程中自动修正设定值，以得到在线监控的正确结果。此外，还须排除过程中的干扰因素和正确选择振动参数的敏感频段。

3. 以加工表面粗糙度为判据

加工表面粗糙度与刀具磨损造成的机床系统特性参数的变化有关。因此，可以通过监测工件表面粗糙度来判断刀具的磨损状态。这种方法信号处理比较简单，可利用工件所要求的粗糙度指标和粗糙度信号方差变化率构成逻辑判别函数，既可以有效识别出刀具的急剧磨损或微破损，又能监视工件的表面质量。

激光束通过透镜射向工件加工表面，由于表面粗糙度的变化，所反射的激光强度也不相同，因而通过检测发射光的强度和对信号的比较分析来识别表面粗糙度和判别刀具的磨损状态。由于激光可以远距离发送和接收，因此，这种监测系统便于在线实时应用。

4. 以刀具寿命为判据

这是目前在加工中心和柔性制造系统中使用最为广泛的方法，因为不需要附加测试装置及数据分析和处理装置，且工作可靠。

对于使用条件已知的刀具，其寿命有两种确定方法：一是根据用户提供的使用条件试验确定；二是根据经验确定。之前，以防止切削力过大、切削温度过高和刀具折断的危险；但又不宜定得过短，避免过早更换刀具和增加磨刀成本。刀具寿命可按刀具编号送入管理程序中。在调用刀具时，从规定的刀具使用寿命中扣除切削时间，直到剩余刀具寿命不足下次使用时间时发出换刀信号。

二、刀具破损的监控方法

（一）探针式监控

这种方法多用来测量孔的加工深度，同时间接地检查出孔加工刀具（钻头）的完整性，尤其是对于在加工中容易折断的刀具，如直径 10 ～ 12mm 的钻头。这种检测方法结构简单，使用很广泛。

探针式检查装置如图6-9所示，装有探针的检查装置装在机床移动部件（如滑台、主轴箱）上，探针向右移动，进入工件的已加工孔内，当孔深不够或有折断的钻头和切屑堵塞时，探针板压缩滑杆，克服弹簧力而后退，使挡铁压下限位开关，发出下一道工序不能继续进行的信号。

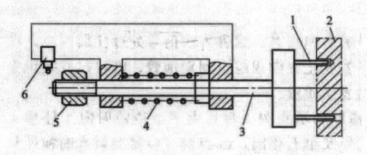

图6-9 探针式检查装置

1—探针；2—工件；3—滑杆；4—弹簧；5—挡铁；6—限位开关

（二）光电式监控

采用光电式检查装置可以直接检查钻头是否完整或折断，如图6-10所示。光源的光线通过隔板中的孔，射向刚加工完退回的钻头，如钻头完好，光线受阻；如钻头折断，光线射向光敏元件，发出停车信号。

这种方法属非接触式检测，一个光敏元件只可检查一把刀具，在主轴密集、刀具集中时不好布置，信号必须经放大，控制系统较复杂，还容易受切屑干扰。

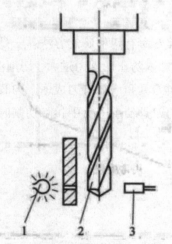

图6-10 光电式检查装置

1—光源；2—钻头；3—光敏元件

（三）气动式监控

这种监控方式的工作原理和布置与光电式检查装置相似，如图6-11所示。钻头1返回原位后，气阀接通，气流从喷嘴3射向钻头1，当钻头折断时，气流就冲向气动压力开关，发出刀具折断信号。

这种方法的优缺点及适用范围与光电式检查装置相同，同时还有清理切屑的作用。

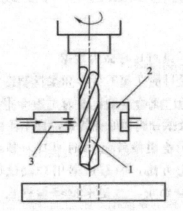

图6-11　气动式检查装置
1—钻头；2—气动压力开关；3—喷嘴

（四）电磁式监控

图6-12为电磁式检查装置的原理图。它是利用磁通变化的原理来检测刀具是否折断，带有线圈的U形电磁铁和钻头组成闭合的磁路。当钻头折断时，磁阻增大，使线圈中的电压发生变化而发出信号。

这种方法只适用于回转形刀具和加工非铁磁性材料的工件。因为刀具带有磁性，钻头的螺旋槽引起的周期性磁阻变化，可在电路中予以排除，但不适用于中心钻、阶梯钻等。

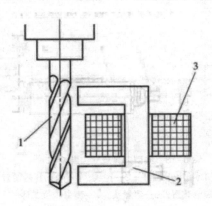

图6-12　电磁式检查装置
1—钻头；2—磁铁；3—线圈

（五）主电动机负荷监控

在切削过程中，刀具的破损会引起切削力或切削转矩的变化，而切削力／转矩的变化可直接由机床电动机功率来表示。因此，检测机床电动机功率可以判断刀具状态。

第四节　自动化加工过程的在线检测和补偿

一、刀具尺寸控制系统的概念

刀具尺寸控制系统是指对加工时工件已加工面尺寸进行在线（在机床内）自动测量。当刀具由于磨损等原因，使工件尺寸变化达到某一预定值时，控制装置发出指令，操纵补偿装置，使刀具按指定值进行径向微量位移，以补偿工件尺寸的变化，使之严格控制在公差范围内。

图 6-13 是典型的刀具尺寸控制系统图。刚加工好的工件 7 由测量头 6 进行测量，测量结果反映在控制装置 5 上。当工件尺寸变化达到某一预定值时，控制装置向自动补偿装置 4 发出补偿指令，通过镗头 3 使镗杆 2 产生微量的径向位移，以补偿由于刀具磨损或其他因素引起的尺寸变化。进行补偿后，再开始加工下一个工件。

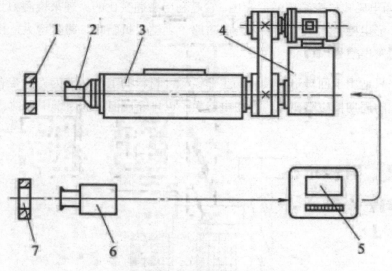

图 6-13　典型刀具尺寸控制系统

1—待加工工件；2—镗杆；3—镗头；4—自动补偿装置；

5—控制装置；6—测量头；7—测量工位工件

二、刀具补偿装置的工作原理

目前，在金属切削加工中，自动补偿装置多采用尺寸控制原则，即在工件完成加工后，自动测量其实际尺寸，当工件的尺寸超出某一规定的范围时，测量装置发出信号，控制补偿装置，自动调整机床的执行机构，或对刀具进行调整以补偿尺寸上的偏差。

自动补偿系统一般由测量装置、信号转换或控制装置以及补偿装置三部分组成。自动补偿系统的测量和补偿过程是滞后于加工过程的，为了保证在对前一个工件进行测量和发出补偿信号时，后一个工件不会成为废品，就不能在工件已达到极限尺寸时才发出补偿信号。一般应使发出补偿信号的界限尺寸在工件的极限尺寸以内，并留有一定的安全带。如图 6-14 所示，通常将工件的尺寸公差带分为若干区域。图 6-14（a）为孔的补偿分布图，加工孔时，由于刀具磨损，工件尺寸不断变小。当进入补偿带 B 时，控制装置就发出补偿信号，补偿装置按预先确定的补偿量补偿，使工件尺寸回到正常尺寸 Z 中。在靠近上、下极限偏差处，还可根据具体要求划出安全带 A，当工件尺寸由于某些偶然原因进入安全带时，控制装置发出换刀或停机信号。图 6-14（b）是轴的补偿带分布图。在某些情况下，考虑到可能由于其他原因，例如机床或刀具的热变形，会使工件尺寸朝相反的方向变化，也可如图 6-14（c）所示，将正常尺寸带 Z 放在公差带的中部，两端均划出补偿带 B。此时，补偿装置应能实现正、负两个方向的补偿。

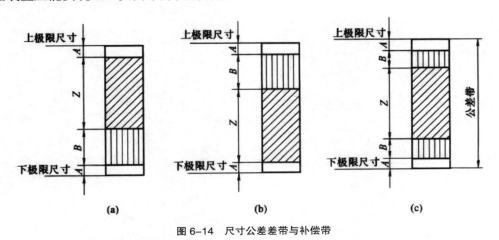

图 6-14　尺寸公差差带与补偿带

Z—正常尺寸带；B—补偿带；A—安全带

为了避免偶然误差的影响，测量控制信号在送入补偿装置之前，须经过适当处理。通常，当某一个工件的尺寸进入补偿带时，并不立即进行补偿，而将此测量信号储存起来，必须当连续出现几个补偿信号时，补偿装置才会得到动作信号。

测量控制装置大多向补偿装置发出脉冲补偿信号，或者补偿装置在接收信号以后进行脉动补偿。每一次补偿量的大小，取决于工件的精度要求，即尺寸公差带的大小以及刀具的磨损状况。每次的补偿量越小，获得的补偿精度越高，工件的尺寸分散度也越小。但此时对补偿执行机构的灵敏度要求也越高。当补偿装置的传动副存在间隙和弹性变形以及移动部件间有较大摩擦阻力时，就很难实现均匀而准确的补偿运动。

三、镗孔刀具的自动补偿装置

镗刀的自动补偿方式最常用的是借助镗杆或刀夹的特殊结构来实现补偿运动。这一方式又可分为两类：①利用镗杆轴线与主轴回转轴线的偏心进行补偿；②利用镗杆或刀夹的弹性变形实现微量补偿。

偏心补偿装置可参考有关书籍，这里仅介绍变形补偿装置。

压电晶体式自动补偿装置是一种典型的变形补偿装置，它是利用压电陶瓷的电致伸缩效应来实现刀具补偿运动的。如石英、钛酸钡等一类离子型晶体，由于结晶点阵的规则排列，在外力作用下产生机械变形时，就会产生电极化现象，即在承受外力的相应两个表面上出现正负电荷，形成电位差，这就是压电效应。反之，晶体在外加直流电压的作用下，就会产生机械变形，这就是电致伸缩效应。

第七章　装配过程自动化

第一节　装配自动化的任务与基本要求

一、装配自动化在现代制造业中的重要性

装配过程是机械制造过程中必不可少的环节。人工操作的装配是一个劳动密集型的过程，生产率是工人执行某一具体操作所花费时间的函数，装配劳动量在产品制造总劳动量中占有相当高的比例。随着先进制造技术的应用，制造零件劳动量的下降速度比装配劳动量下降速度快得多，如果仍旧采用人工装配的方式，该比值还会提高。据有关资料统计分析，一些典型产品的装配时间占总生产时间的 53% 左右，是花费时间最多的生产过程，因此提高装配效率是制造工业中亟须解决的关键问题之一。

装配自动化（Assembly Automation）是实现生产过程综合自动化的重要组成部分，其意义在于提高生产效率、降低成本、保证产品质量，特别是减轻或取代特殊条件下的人工装配劳动。

装配是一项复杂的生产过程，人工操作已经不能与当前的社会经济条件相适应。因为人工操作既不能保证工作的一致性和稳定性，又不具备准确判断、灵巧操作，并赋以较大作用力的特性。同人工装配相比，自动化装配具备如下优点：①装配效率高，产品生产成本下降。尤其是在当前机械加工自动化程度不断提高的情况下，装配效率的提高对产品生产效率的提高具有更加重要的意义。②自动装配过程一般在流水线上进行，采用各种机械化装置来完成劳动量大和繁重的工作，大大降低了工人的劳动强度。③不会因工人疲劳、疏忽、情绪、技术不熟练等因素的影响而造成产品质量缺陷或不稳定。④自动化装配所占用的生产面积比手工装配完成同样生产任务的工作面积要小得多。⑤在电子、化学、宇航、国防等行业中，许多装配操作需要特殊环境，人类难以进入或非常危险，只有自动化装配才能保障生产安全。

随着科学技术的发展和进步，在机械制造业，CNC、FMC、FMS 的出现逐步取代了传统的制造技术，它们不仅具备高度自动化的加工能力，而且具有对加工对象的灵活性。如果只有加工技术的现代化，没有装配技术的自动化，FMS 就成了自动化孤岛。装配自动化的

意义还在于它是 CIMS 的重要组成部分。

二、装配自动化的任务及应用范围

所谓装配，就是通过搬送、连接、调整、检查等操作把具有一定几何形状的物体组合到一起。

在装配阶段，整个产品生产过程中各个阶段的工艺的和组织的因素都遇到一起了。由于在现代化生产中广泛地使用装配机械，因而装配机械，特别是自动化装配机械得到空前的发展。

装配机械是一种特殊的机械，它区别于通常用于加工的各种机床。装配机械是为特定的产品而设计制造的，具有较高的开发成本，而在使用中只有很少或完全不具有柔性。所以最初的装配机械只是为大批量生产而设计的，自动化的装配系统用于中小批量生产还是近几年的事。这种装配系统一般都由可以自由编程的机器人作为装配机械。除了机器人以外，其他部分也要能够改装和调整。此外还要有具有柔性的外围设备，例如，零件仓储，可调的输送设备，连接工具库、抓钳及它们的更换系统。柔性是一种系统的特性，这种系统能够适应生产的变化。对于装配系统来说，就是要在同一套设备上同时或者先后装配不同的产品（产品柔性）。柔性装配系统的效率不如高度专用化的装配机械。往复式装配机械可以达到每分钟 10～60 拍（大多数的节拍时间为 2.5～4 s）；转盘式装配机械最高可以达到每分钟 2 000 拍。当然所装配的产品很简单，如链条等；所执行的装配动作也很简单，如铆接、充填等。

对于大批量生产（年产量 100 万以上）来说，专用的装配机械是合算的。工件长度可以大于 100 mm，质量可以超过 50 g。典型的装配对象如电器产品、开关、钟表、圆珠笔、打印机墨盒、剃须刀、刷子等，它们需要各种不同的装配过程。

从创造产品价值的角度来考虑，装配过程可以按时间分为两部分：主装配和辅装配。连接本身作为主装配只占 35%～55% 的时间。所有其他功能，例如给料，均属于辅装配。设计装配方案必须尽可能压缩这部分时间。

自动化装配机械，尤其是经济的和具有一定柔性的自动化装配机械被冠以高技术产品。按其不同的结构方式常被称为"柔性特种机械"或"柔性节拍通道"。圆形回转台式自动化装配机由于其较高的运转速度和可控的加速度而备受青睐。环台式装配机械，无论是环内操作还是环外操作，或二者兼备的结构都是很实用的结构方式。

现代技术的发展使得人们能够为复杂的装配功能找到解决的方法。尽管如此，全自动化的装配至今仍然只是在有限的范围是现实的和经济的。装配机械比零件制造机械具有更强的针对性，因而装配机械的采用更需要深思熟虑，需要做大量的准备工作，不能简单片面地追求自动化，应本着实用可靠而又能适应产品的发展的原则，采用适当的自动化程度，应用现代的计划方法和控制手段。

三、装配自动化的基本要求

要实现装配自动化，必须具备一定的前提条件，主要有如下几方面：

（一）生产纲领稳定

生产纲领稳定且年产量大、批量大，零部件的标准化、通用化程度较高。生产纲领稳定是装配自动化的必要条件。目前，自动装配设备基本上还属于专用设备，生产纲领改变，原先设计制造的自动装配设备就不适用，即使修改后能加以使用，也将造成设备费用增加，耽误时间，在技术上和经济上都不合理。年产量大、批量大，有利于提高自动装配设备的负荷率；零部件的标准化、通用化程度高，可以缩短设计、制造周期，降低生产成本，有可能获得较高的技术经济效果。

与生产纲领有联系的其他一些因素，如装配件的数量、装配件的加工精度及加工难易程度、装配复杂程度和装配过程劳动强度、产量增加的可能性等，也会对装配自动化的实现产生一定影响。

（二）产品具有较好的自动装配工艺性

要尽量做到结构简单，装配零件少；装配基准面和主要配合面形状规则，定位精度易于保证；运动副应易于分选，便于达到配合精度；主要零件形状规则、对称，易于实现自动定向等。

（三）实现装配自动化以后，经济上合理，生产成本降低

装配自动化包括零部件的自动给料、自动传送以及自动装配等内容，它们相互紧密联系。其中：①自动给料包括装配件的上料、定向、隔料、传送和卸料的自动化。②自动传送包括装配零件由给料口传送至装配工位，以及装配工位与装配工位之间的自动传送。③自动装配包括自动清洗、自动平衡、自动装入、自动过盈连接、自动螺纹连接、自动黏接和焊接、自动检测和控制、自动试验等。

所有这些工作都应在相应控制下，按照预定方案和路线进行。实现给料、传送、装配自动化以后，就可以提高装配质量和生产效率，产品合格率高，劳动条件改善，生产成本降低。

四、实现装配自动化的途径

（一）产品设计时应充分考虑自动装配的工艺性

适合装配的零件形状对于经济的装配自动化是一个基本的前提。如果在产品设计时不考虑这一点，就会造成自动化装配成本的增加或完全不能实现。产品的结构、数量和可操作性决定了装配过程、传输方式和装配方法。机械制造的一个明确原则就是"部件和产品应该能够以最低的成本进行装配"。因此，在不影响使用性能和制造成本的前提下，合理改进产品结构，往往可以极大地降低自动装配的难度和成本。

工业发达的国家已广泛推行便于装配的设计准则（Design for Assembly）。该准则主要包含两方面的内容：一是尽量减少产品中的单个零件的数量，如图7-1所示，结构方面的区别是分立式和集成式，集成方式可以实现元件最少，维修也方便；二是改善产品零件的结构工艺性，层叠式和鸟巢式的结构（图7-2）对于自动化装配是有利的。基于该准则的计算机辅助产品设计软件也已开发成功。目前，发达国家便于装配的产品结构设计不亚于数控加工的产品结构设计。实践证明，提高装配效率，降低装配成本，实现装配自动化的首要任务应是改进产品结构的设计。因此，我们在新产品的研制开发中，也必须贯彻装配自动化的设计准则，把产品设计和自动装配的理论在实践中相结合，设计出工艺性（特别是自动装配工艺性）良好的产品。

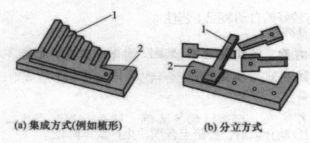

(a) 集成方式(例如梳形)　　　(b) 分立方式

图7-1　集成方式对装配是有利的

1—配合件；2—基础件

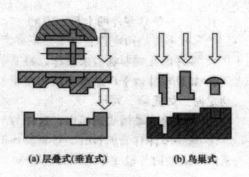

(a) 层叠式(垂直式)　　　(b) 鸟巢式

图7-2　适合自动化装配的产品结构

（二）研究开发新的装配工艺和方法

鉴于装配工作的复杂性和自动装配技术相对于其他自动化制造技术较为滞后，必须对自动装配技术和工艺进行深入的研究，注意研究和开发自动化程度不一的各种装配方法。如对某些产品，研究利用机器人、刚性的自动化装配设备与人工结合等方法，而不能盲目追求全盘自动化，这样有利于得到最佳经济效益。此外还应加强基础研究，如对合理配合间隙或过盈量的确定及控制方法、装配生产的组织与管理等，开发新的装配工艺和技术。

（三）设计制造自动装配设备和装配机器人

实现装配过程的自动化，就必须制造装配机器人或者刚性的自动装配设备。装配机器人是未来柔性自动化装配的重要工具，是自动装配系统最重要的组成部分。各种形式和规格的装配机器人正在取代人的劳动，特别是对人的健康有害的操作，以及特殊环境（如高辐射区或需要高清洁度的区域）中进行的工作。

刚性自动装配设备的设计，应根据装配产品的复杂程度和生产率的要求而定。一般三个以下的零件装配可以在单工位装配设备上完成，三个以上的零件装配则在多工位装配设备上完成。装配设备的循环时间、驱动方式以及运动设计都受产品产量的制约。

自动装配设备必须具备高可靠性，研制阶段必须进行充分的工艺试验，确保装配过程自动化形式和范围的合理性。在当前生产技术水平下，需要研究和开发自动化程度不一的各种装配方法，如对某些产品，研究利用机器人、刚性的自动化装配设备与人工结合等装配方法。

第二节 自动装配工艺过程分析和设计

一、自动装配条件下的结构工艺性

结构工艺性是指产品和零件在保证使用性能的前提下，力求能够采用生产率高、劳动量小、材料消耗少和生产成本低的方法制造出来。自动装配工艺性好的产品零件，便于实现自动定向、自动供料、简化装配设备、降低生产成本。因此，在产品设计过程中，采用便于自动装配的工艺性设计准则，以提高产品的装配质量和工作效率。

在自动装配条件下，零件的结构工艺性应符合便于自动供料、自动传送和自动装配三项设计原则。

（一）便于自动供料

自动供料包括零件的上料、定向、输送、分离等过程的自动化。为使零件有利于自动供料，产品的零件结构应符合以下各项要求：①零件的几何形状力求对称，便于定向处理；②如果零件由于产品本身结构要求不能对称，则应使其不对称程度合理扩大，以便于自动定向，如质量、外形、尺寸等的不对称；③零件的一端做成圆弧形，这样易于导向；④某些零件自动供料时，必须防止镶嵌在一起。如有通槽的零件，具有相同内外锥度表面时，应使内外锥度不等，防止套入"卡住"。

（二）利于零件自动传送

装配基础件和辅助装配基础件的自动传送，包括给料装置至装配工位以及装配工位之间的传送。其具体要求如下：①为易于实现自动传送，零件除具有装配基准面以外，还须考虑装夹基准面，供传送装置的装夹或支承；②零部件的结构应带有加工的面和孔，供传送中定位；③零件外形应简单、规则、尺寸小、重量轻。

（三）有利于自动装配作业

有利于自动装配作业有以下方面：①零件的尺寸公差及表面几何特征应保证按完全互换的方法进行装配；②零件数量尽可能少（图7-3），同时应减少紧固件的数量；③尽量减少螺纹连接，采用适应自动装配条件的连接方式，如采用黏接、过盈、焊接等；④零件上尽可能采用定位凸缘，以减少自动装配中的测量工作，如将压装配合的光轴用阶梯轴代替等；⑤基础件设计应为自动装配的操作留有足够的位置，例如自动旋入螺钉时，必须为装配工具留有足够的自由空间，如图7-4所示；⑥零件的材料若为易碎材料，宜用塑料代替；⑦为便于装配，零件装配表面应增加辅助定位面，如图7-5所示AA辅助定位面；⑧最大限度地采用标准件和通用件，不仅可以减少机械加工，而且可以加大装配工艺的重复性；⑨避免采用易缠住或易套在一起的零件结构，不得已时，应设计可靠的定向隔离装置；⑩产品的结构应能以最简单的运动把零件安装到基准零件上去。最好是使零件沿同一个方向安装到基础件上去，因而在装配时没有必要改变基础件的方向，减少安装工作量。

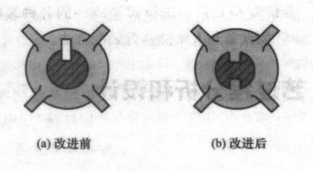

(a) 改进前　　　　　　　(b) 改进后

图7-3　利于自动装配实例

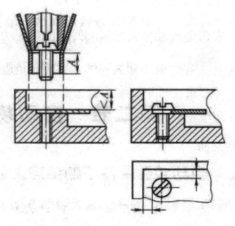

图 7-4　螺钉装配需要的自由空间

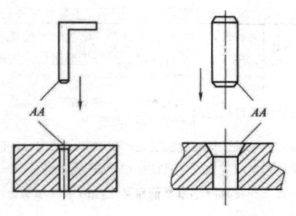

图 7-5　辅助定位面

二、自动装配工艺设计的一般要求

自动装配工艺比人工装配工艺设计要复杂得多，通过手工装配很容易完成的工作，有时采用自动装配却要设计复杂的机构与控制系统。因此，为使自动装配工艺设计先进可靠、经济合理，在设计中应注意如下几个问题。

（一）自动装配工艺的节拍

自动装配设备中，多工位刚性传送系统多采用同步方式，故有多个装配工位同时进行装配作业。为使各工位工作协调，并提高装配工位和生产场地的效率，必然要求各工位装配工作节拍同步。

装配工序应力求可分，对装配工作周期较长的工序，可同时占用相邻的几个装配工位，使装配工作在相邻的几个装配工位上逐渐完成来平衡各个装配工位上的工作时间，使各个装配工位的工作节拍相等。

（二）除正常传送外，宜避免或减少装配基础件的位置变动

自动装配过程是将装配件按规定顺序和方向装到装配基础件上。通常，装配基础件需要在传送装置上自动传送，并要求在每个装配工位上准确定位。因此，在自动装配过程中，应尽量减少装配基础件的位置变动，如翻身、转位、升降等动作，以避免重新定位。

（三）合理选择装配基准面

装配基准面通常是精加工面或是面积大的配合面，同时应考虑装配夹具所必需的装夹面和导向面。只有合理选择装配基准面，才能保证装配定位精度。

（四）对装配零件进行分类

为提高装配自动化程度，就必须对装配件进行分类。多数装配件是一些形状比较规则、容易分类分组的零件。按几何特性，零件可分为轴类、套类、平板类和小杂件四类；根据尺寸比例，每类又分为长件、短件、匀称件三组。经分类分组后，采用相应的料斗装置实现装配件的自动供料。

（五）关键件和复杂件的自动定向

对于形状比较规则的多数装配件可以实现自动供料和自动定向，但还有少数关键件和复杂件不易实现自动供料和自动定向，并且往往成为自动装配失败的一个原因。对于这些自动定向十分困难的关键件和复杂件，为不使自动定向机构过分复杂，采用手工定向或逐个装入的方式，在经济上更合理。

（六）易缠绕零件的定量隔离

装配件中的螺旋弹簧、纸箔垫片等都是容易缠绕贴连的，其中尤以小尺寸螺旋弹簧更易缠绕，其定量隔离的主要方法有以下两种：①采用弹射器将绕簧机和装配线衔接。其具体特征为，经上料装置将弹簧排列在斜槽上，再用弹射器一个一个地弹射出来，将绕簧机与装配线衔接，由绕簧机绕制出一个，即直接传送至装配线，不使弹簧相互接触而缠绕。②改进弹簧结构。具体做法是在螺旋弹簧的两端各加两圈紧密相接的簧圈来防止它们在纵向相互缠绕。

（七）精密配合副要进行分组选配

自动装配中精密配合副的装配由选配来保证。根据配合副的配合要求，如配合尺寸、质量、转动惯量来确定分组选配，一般可分 3 ~ 20 组。分组数越多，配合精度越高。选配、分组、储料的机构越复杂，占用车间的面积和空间尺寸也越大。因此，一般分组不宜太多。

（八）装配自动化程度的确定

装配自动化程度根据工艺的成熟程度和实际经济效益确定，具体方法如下：①在螺纹连接工序中，由于多轴工作头对螺纹孔位置偏差的限制较严，又往往要求检测和控制拧紧力矩，导致自动装配机构十分复杂。因此，多用单轴工作头，且检测拧紧力矩多用手工操作。②形状规则、对称而数量多的装配件易于实现自动供料，故其供料自动化程度较高；复杂件和关键件往往不易实现自动定向，所以自动化程度较低。③装配零件送入储料器的动作以及装配完成后卸下产品或部件的动作，自动化程度较低。④装配质量检测和不合格件的调整、剔除等项工作自动化程度宜较低，可用手工操作，以免自动检测头的机构过分复杂。⑤品种单一的装配线，其自动化程度常较高，多品种则较低，但随着装配工作头的标准化、通用化程度日益提高，多品种装配的自动化程度也可以提高。⑥对于尚不成熟的工艺，除采用半自动化外，需要考虑手动的可能性；对于采用自动或半自动装配而实际经济效益不显著的工序宜同时采用人工监视或手工操作。

三、自动装配工艺设计

（一）产品分析和装配阶段的划分

装配工艺的难度与产品的复杂性成正比，因此设计装配工艺前，应认真分析产品的装配图和零件图。零部件数目大的产品则须通过若干装配操作程序完成，在设计装配工艺时，整个装配工艺过程必须按适当的部件形式划分为几个装配阶段进行，部件的一个装配单元形式完成装配后，必须经过检验，合格后再以单个部件与其他部件继续装配。

（二）基础件的选择

装配的第一步是基础件的准备。基础件是整个装配过程中的第一个零件。往往是先把基础件固定在一个托盘或一个夹具上，使其在装配机上有一个确定的位置。这里基础件是指在装配过程只须在其上面继续安置其他零部件的基础零件（往往是底盘、底座或箱体类零件）。基础件的选择对装配过程有重要影响。在回转式传送装置或直线式传送装置的自动化装配系统中，也可以把随行夹具看成基础件。

（三）对装配零件的质量要求

这里装配零件的质量要求包括两方面的内容：一方面是从自动装配过程供料系统的要求出发，要求零件不得有毛刺和其他缺陷，不得有未经加工的毛坯和不合格的零件；另一方面是从制造与装配的经济性出发，对零件精度的要求。图7-6表示了手工装配与自动化装配两种可能的公差分布方式。方式1公差分布比较宽，成本低，但不适合自动化装配；方式2公差分布比较严格，适合自动化装配，但生产成本高。装配自动化要求零件高质量，但是这不意味着缩小图样给定的公差。

在手工装配时，容易分拣出不合格的零件。但在自动装配中，不合格零件包括超差零件、损伤零件，也包括混入杂质与异物。如果没有被分拣出来，将会造成很大的损失，甚至会使整个装配系统停止运行。因此，在自动化装配时，限定零件公差范围是非常必要的。

合理化装配的前提之一就是保持零件质量稳定。在现代化大批量生产中，只有在特殊情况下才对零件 100% 检验，通常采用统计的质量控制方法，零件质量必须达到可接受的水平。

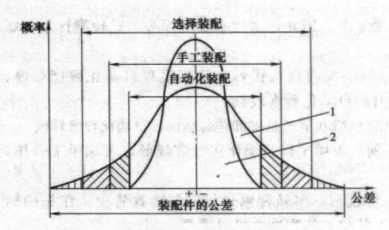

图 7-6　手工装配与自动化装配两种可能的公差分布方式
1—现成的零件的质量；2—自动化装配所要求的零件质量

（四）拟定自动装配工艺过程

自动装配需要详细编制工艺，包括装配工艺过程图并建立相应的图表，表示出每个工序对应的工作工位形式。具有确定工序特征的工艺图是设计自动装配设备的基础。按装配工位和基础件的移动状况不同，自动装配过程可分两种类型。

1. 基础件移动式的自动装配线

自动装配设备的工序在对应工位上对装配对象完成各装配操作，每个工位上的动作都有独立的特点，工位之间的变换由传送系统连接起来。

2. 装配基础件固定式的自动装配中心

零件按装配顺序供料，依次装配到基础件上。这种装配方式实际上只有一个装配工位，因此装配过程中装配基础件是固定的。

无论何种类型的装配方式，都可用带有相应工序和工步特征的工艺图表示出来，如图 7-7 所示。方框表示零件或部件，装配（检测）按操作顺序用圆圈表示。

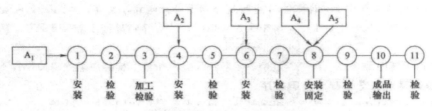

图 7-7　装配工艺流程图

每个独立形式的装配操作还可详细分类，如检测工序包括零件就位有无检验、尺寸检验、物理参数测定等；固定工序包括螺纹连接、压配连接、铆接、焊接等。同时，确定完成每个工序时间，即根据连接结构、工序特点、工作头运动速度和轨迹、加工或固定的物理过程等来分别确定各工序时间。

（五）确定自动装配工艺的工位数量

拟定自动装配工艺从采用工序分散的方案开始，对每个工序确定其工作头及执行机构的形式及循环时间，然后研究工序集中的合理性和可能性，减少自动装配系统的工位数量。如果工位数量过多，会导致工序过于集中，而使工位上的机构太复杂，既降低设备的可靠性，也不便于调整和排除故障，还会影响刚性连接（无缓冲）自动装配系统的效率。

确定最终工序数量（相应的工位数）时，应尽量采用规格化传送机构，并留有几个空工位，以预防因产品结构估计不到的改变，随时可以增加附加的工作结构。如工艺过程需10 个工序，可选择标准系列 12 工位周期旋转工作台的自动装配机。

第三节　自动装配机的部件与柔性装配系统

一、自动装配机的部件

（一）运动部件

装配工作中的运动包括三方面的物体的运动：①基础件、配合件和连接件的运动；②装配工具的运动；③完成的部件和产品的运动。

运动是坐标系中的一个点或一个物体与时间相关的位置变化（包括位置和方向），输送或连接运动可以基本上划分为直线运动和旋转运动。因此每一个运动都可以分解为直线单位或旋转单位，它们作为功能载体被用来描述配合件运动的位置和方向以及连接过程。按照连接操作的复杂程度连接运动被分解成三坐标轴的运动，如图 7-8 所示，连接运动被分解为三个坐标轴的运动和两个旋转运动。

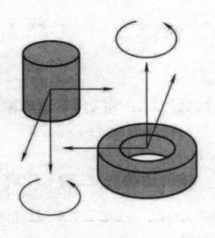

图 7-8　连接的三个运动及附加运动

　　重要的是配合件与基础件在同一坐标中运动，具体由配合件还是由基础件实现这一运动并不重要。工具相对于工件运动，这一运动可以由工作台执行，可以由一个模板带着配合件完成，也可以由工具或工具、工件双方共同来执行。

（二）定位机构

　　由于各种技术方面的原因（惯性、摩擦力、质量改变、轴承的润滑状态），运动的物体不能精确地停止。在装配中最经常遇到的是工件托盘和回转工作台，这两者都需要一种特殊的定位机构，以保证其停止在精确的位置。图 7-9 示出了这些定位机构。

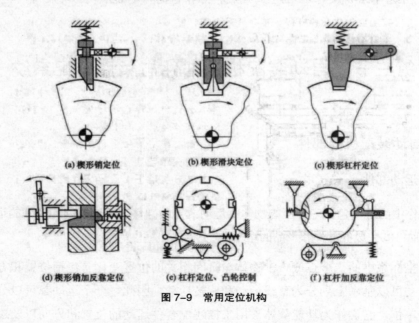

| (a) 楔形销定位 | (b) 楔形滑块定位 | (c) 楔形杠杆定位 |
| (d) 楔形销加反靠定位 | (e) 杠杆定位、凸轮控制 | (f) 杠杆加反靠定位 |

图 7-9　常用定位机构

　　装配时对定位机构的要求非常高，它必须承受很大的力量还必须能精确地工作。

另外一种定位方法如图7-10所示。定位过程分三个阶段：首先圆柱销由弹簧推动向上，影响这一过程的因素有弹簧力、工作台角速度和倒角大小；然后圆柱销进一步插入定位套，由于工作台的运动惯性，定位销和定位套只在一个侧面接触；最后锥销也插入定位套，迫使工作台反转一个小角度，距离为间隙Δs，工作台由此实现准确的定位。当然这一原理也可以应用于直线运动的托盘。

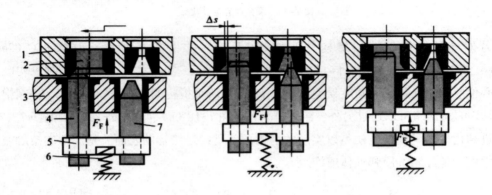

图 7-10 定位销的定位过程
（a）圆柱销开始伸出做预定位； （b）锥销伸出；
（c）定位结束，两销在相反方向与定位套贴紧
1—工作台；2—定位套；3—支架；4—预定位销；
5—连接板；6—弹簧；7—锥销

（三）位置误差的补偿设备

自动化装配的一个主要问题就是如何保证装配对象之间确定的几何关系。这一过程称为对准或正确的安置定位。

安置定位就是在装配工作中把配合件按照要求的位置和方向排列的过程。配合件的自由度由此而被限制，以使配合件的位置误差小于允许值。允许的位置误差根据连接的方法和精度而不同。例如，在并接的情况下，在精度范围为1%时允许的位置误差为$\pm0.3\,\mathrm{mm}$。

关于误差补偿原则上有两种方式：①通过安置定位改变一个或两个物体的位置，在这一过程中不需要测量。②通过安置定位改变一个或两个物体的位置，在这一过程中需要测量和定量调整，以实现精确地定位。

第一种误差补偿方式很简单，图7-11示出了几种定心机构。这几种机构都是借助于侧向力使两个物体对准。侧向力可以通过弹性元件来实现。锥面可以起到定心作用。一个一个套在一起的弹性套也可以实现定心作用。

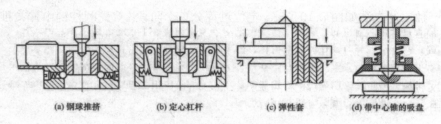

图 7-11　配合件的定心设备

　　另外一种非控制补偿机构件叫作 RCC 环节，如图 7-12 所示。这个 RCC（Remote Centre Compliance）机构来自 Charles Stark Draper 实验室（USA）。这种机构既能排除中心位置误差又能排除角度误差。图 7-12（a）所示机构的连杆可以围绕 D（模糊中心）点回转，侧面误差可以通过另外一组连杆补偿［图 7-12（b）］。图 7-12（c）是图 7-12（b）的改进结构。这种补偿方法得以实现的前提条件是：连接辅助表面就是工件的接触表面。作为柔性元件经常选用弹性体或橡胶。

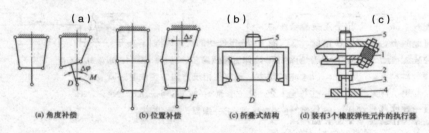

图 7-12　RCC 环节示意图

1—橡胶；2—抓钳；3—配合件；4—基础件；5—安装轴颈；D—假想回转点；
F—推力；M—力矩；Δs—位置误差；Δφ—角度误差

　　近期人们开始致力于配合件自动寻找正确位置的研究。配合件按随机的或预想的轨迹，直到一个偶然的机会与配合对象重合。这种寻找过程可以编程，当按照一种轨迹找不到时，可以自动调用另外一种寻找轨迹。

　　这种自动寻找方法的成功率取决于零件的质量。对于以克为单位的轻型零件可以采用非控制的随机振动模式。

二、柔性装配系统

（一）组成

　　随着产品更新周期缩短、批量减小、品种增多，要求自动装配系统具有柔性响应，进而出现了柔性装配系统（FAS）。柔性装配系统具有相应柔性，可对某一特定产品的变型产品按程序编制的随机指令进行装配，也可根据需要，增加或减少一些装配环节，在功能、功率和几何形状允许范围内，最大限度地满足一族产品的装配。

柔性装配系统是由装配机器人系统和外围设备构成的。外围设备包括灵活的物料搬运系统、零件自动供料系统、工具（手指）自动更换装置及工具库、视觉系统、基础件系统、控制系统和计算机管理系统等，柔性装配系统能自动装配中小型、中等复杂程度的产品，如电动机、水泵、齿轮箱等，特别适应于中、小批量产品的装配，可实现自动装卸、传送、检测、装配、监控、判断、决策等功能。

（二）基本形式及特点

柔性装配系统通常有两种形式：一种是模块积木式柔性装配系统；另一种是以装配机器人为主体的可编程柔性装配系统。按其结构又可分为三种：

1. 柔性装配单元（FAC）

这种单元借助一台或多台机器人，在一个固定工位上按照程序来完成各种装配工作。

2. 多工位的柔性同步系统

这种系统各自完成一定的装配工作，由传送机构组成固定或专用的装配线，采用计算机控制，各自可编程序和可选工位，因而具有柔性。

3. 组合结构的柔性装配系统

这种结构通常要具有三个以上装配功能，是由装配所需的设备、工具和控制装置组合而成的，可封闭或置于防护装置内。例如，安装螺钉的组合机构是由装在箱体里的机器人送料装置、导轨和控制装置组成的，可以与传送装置连接。

总体来说，柔性装配系统有以下特点：①系统能够完成零件的自动运送、自动检测、自动定向、自动定位、自动装配作业等，既适用于中小批量的产品装配，也可适用于大批量生产中的装配；②装配机器人的动作和装配的工艺程序，能够按产品的装配需要，迅速编制成软件，存储在数据库中，所以更换产品和变更工艺方便迅速；③装配机器人能够方便地变换手指和更换工具，完成各种装配操作；④装配的各个工序之间，可不受工作节拍和同步的限制；⑤柔性装配系统的每个装配工段，都应该能够适应产品变种的要求；⑥大规模的 FAS 采用分级分布式计算机进行管理和控制。

柔性装配单元配有一台或多台装配机器人，在一个固定工位上按照程序来完成各种装配工作，FAC 是 FAS 的组成部分，也可以是小型的 FAS。FAC 计算机控制和协调所管理的各种自动化设备，对进入该单元的零件进行自动识别。全部末级自动化设备均由各自的微型计算机进行控制，它们的运行实况和生产量由若干微型计算机进行监控和采集。当生产过程改变时，FAC 计算机向各自动化设备微型机输送新的作业程序。

严格说来只有手工装配才是柔性的，而机器人模拟人的手工技巧和感观智能进行自动装配，都只能达到一定的限度，人的手臂能实现大约 50 个自由度，而装配机器人在实际应用中只有 4～6 个自由度，所以 FAS 的柔性还是有限度的。装配是一项复杂的工作，有些情况下还需要人的参与，人作为生产元素，主要在管理、检查和设计环节中发挥作用。

第四节　自动装配机械与自动装配线

一、自动装配机械

装配机是一种按一定时间节拍工作的机械化的装配设备，有时也需要手工装配与之配合。装配机所完成的任务是把配合件往基础件上安装，并把完成的部件或产品取下来。

随着自动化向前发展，装配工作（包括迄今为止仍然靠手工完成的工作）可以利用机器来实现，产生了一种自动化的装配机械，即实现了装配自动化。自动装配机械按类型分，可分为单工位装配机与多工位装配机两种。为了解决中小批量生产中的装配问题，人们进一步发明了可编程的自动化的装配机，即装配机器人。它的应用不再是只能严格地适应一种产品的装配，而是能够通过调整完成相似的装配任务。

（一）单工位装配机

单工位装配机是指这样的装配机，它只有单一的工位，没有传送工具的介入，只有一种或几种装配操作。这种装配机的应用多限于只由几个零件组成而且不要求有复杂的装配动作的简单部件。在这种装配机上同时进行几个方向的装配是可能的而且是经常使用的方法。这种装配机的工作效率可达到每小时 30~12 000 个装配动作。

单工位装配机在一个工位上执行一种或几种操作，没有基础件的传送，比较适合于在基础件的上方定位并进行装配操作。其优点是结构简单，可以装配最多由六个零件组成的部件，通常适用于两到三个零部件的装配，装配操作必须按顺序进行。这种装配机的典型应用范围是电子工业和精密工具行业，例如接触器的装配。

（二）多工位装配机

对三个零件以上的产品通常用多工位装配机进行装配，装配操作由各个工位分别承担。多工位装配机需要设置工件传送系统，传送系统一般有回转式或直进式两种。

工位的多少由操作的数目来决定，如进料、装配、加工、试验、调整、堆放等。传送设备的规模和范围由各个工位布置的多种可能性决定。各个工位之间有适当的自由空间，使得一旦发生故障，可以方便地采取补偿措施。一般螺钉拧入、冲压、成型加工、焊接等操作的工位与传送设备之间的空间布置小于零件进料装置与传送设备之间的布置。图 7-13所示为进料装置在回转式自动装配机上的两种不同布置。对进料装置的具体布置是由零件的定位和供料方向决定的，因此有不同的空间需求。图 7-13（a）表示零件定位和进料方向是一致的，采用这种布置时，进料轨道可以通过回转工作台的中心。图 7-13（b）表示零件定位和进料方向呈 90° 夹角，采用这种布置时，进料轨道应放在与回转工作台相切的位置，以便保持零件的正确装配位置。回转式布置会形成回转工作台上若干闲置工位，直进式传送设备也有类似的情况。自动装配机的总利用率主要取决于各个零件进料工位的工作可靠程度，因此进料装置要求具有较高的可靠性。

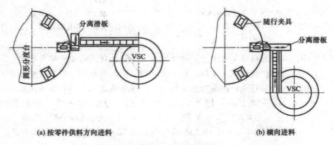

(a) 按零件供料方向进料　　　　　　　　(b) 横向进料

图 7-13　进料装置在回转式自动装配机上的不同布置

装配机的工位数多少基本上已决定了设备的利用率和效率，装配机的设计又常常受工件传送装置的具体设计要求制约，这两条是设计自动装配机的主要依据。

检测工位布置在各种操作工位之后，可以立即检查前面操作过程的执行情况，并能引入辅助操作措施。检测工位有利于避免自动化装配操作的各种失误动作，从而保护设备和零件。

多工位自动装配机的控制一般有行程控制和时间控制两种。行程控制常常采用标准气动元件，其优点是大多数元件可重复使用。图 7-14 为一台简单的气动回转式多工位装配机示意图。装配机由气动装置驱动，包括回转式工作台、两零件进料工位和一台冲压机。由电动机驱动的多工位装配机，常用分配轴凸轮控制装配机的动作，属于时间控制。许多自动装配机以电动机为主结合气动装置，传送装置通常由电动机驱动，而处理装置、进料装置是气动的。回转式装配机中较典型的形式是槽轮或凸轮驱动。

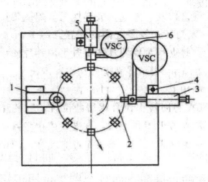

图 7-14　气动回转式多工位装配机

1—气动冲压机；2—气动回转装置；3—气缸；4—控制器；5—气动移置机构；6—振动料斗

（三）工位间传送方式

装配基础件在工位间的传送方式有连续传送和间歇传送两类。

图 7-15 所示为带往复式装配工作头的连续传送方式。装配基础件连续传送，工位上装配工作头也随之同步移动。对直进式传送装置，工作头须做往复移动；对回转式传送装置，工作头须做往复回转。装配过程中，工件连续恒速传送，装配作业与传送过程重合，故生产速度高、节奏性强，但不便于采用固定式装配机械，装配时工作头和工件之间相对定位有一定困难。目前除小型简单工件装配中有所采用外，一般都使用间歇式传送方式。

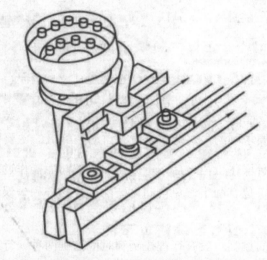

图 7-15 带往复式装配工作头的连续传送方式

间歇传送中，装配基础件由传送装置按节拍时间进行传送，装配对象停在装配工位上进行装配，作业一完成即传送至下一工位，便于采用固定式装配机械，避免装配作业受传送平稳性的影响。按节拍时间特征，间歇传送又可以分为同步传送和非同步传送两种。

间歇传送大多数是同步传送，即各工位上的装配件每隔一定的节拍时间都同时向下一工位移动。对小型工件来说，由于装配夹具比较轻小，传送时间可以取得很短，因此实用上对小型工件和节拍小于十几秒的大部分制品的装配，可采取这种固定节拍的同步传送方式。

这种方式的工作节拍是最长的工序时间与工位间传送时间之和，工序时间较短的其他工位上存在一定的等工浪费，并且一个工位发生故障时，全线都会受到停车影响。为此，可采用非同步传送方式。

非同步传送方式不但允许各工位速度有所波动，而且可以把不同节拍的工序组织在一个装配线中，使平均装配速度趋于提高，而且个别工位出现短时间可以修复的故障不会影响全线工作，设备利用率也得以提高，适用于操作比较复杂而又包括手工工位的装配线。

实际使用的装配线中，各工位完全自动化常常是没有必要的，因技术上和经济上的原因，多数以采用一些手工工位较为合理，因而非同步传送方式就采用得越来越多。

（四）装配机器人

随着科学技术不断进步，工业生产取得很大发展，工业产品大批量生产，机械加工过程自动化得到广泛应用，同时对产品的装配也提出了自动化、柔性化的要求。为此目的而发展起来的装配机器人也取得了很大进展，技术上越来越成熟，逐渐成为自动装配系统中重要的组成部分。

一般来说，要实现装配工作，可以用人工、专用装配机械和机器人三种方式。如果以装配速度来比较，人工和机器人都不及专用装配机械。如果装配作业内容改变频繁，那么采用机器人的投资将要比专用装配机械经济。此外，对于大量、高速生产，采用专用装配机械最有利。但对于大件、多品种、小批量、人力又不能胜任的装配工作，则采用机器人最合适。

对于能适应自动装配作业需要的机器人要求具有工作速度和可靠性高、通用性强、操作和维修容易、人工介入容易、成本及售价低、经济合理等特点。

装配机器人可分为伺服型和非伺服型两大类。非伺服型装配机器人指机器人的每个坐标的运动通过可调挡块由人工设定，因而每个程序的可能运动数目是坐标数的两倍；伺服型装配机器人的运动完全由计算机控制，在一个程序内，理论上可有几千种运动。此外，伺服型装配机器人不需要调整终点挡块，不管程序改变多少，都很容易执行。非伺服和伺服型装配机器人都是微处理器控制的。不过，在非伺服机器人中，它控制的只是动作的顺序；而对伺服机器人，每一个动作、功能和操作都是由微处理器发出信号和控制的。

机器人的驱动系统，传统做法是伺服型采用液压的、非伺服型采用气动的。现在的趋势是用电气系统作为主驱动，特别是新型机器人。液压驱动不可避免有泄漏问题，现在和将来只有一些大功率的机器人才使用液压驱动。由于气动系统装配操作质量较小、功率较小、噪声较小、整洁、结构紧凑，对柔性装配系统（FAS）来说更为合适。非伺服型采用可调终点挡块，能获得很高的精度，因此可应用它进行精密调整。

装配机器人的控制方式有点位式、轨迹式、力（力矩）控制方式和智能控制方式等。装配机器人主要的控制方式是点位式和力（力矩）控制方式。对于点位式而言，要求装配机器人能准确控制末端执行器的工作位置，如果在其工作空间内没有障碍物，则其路径不是重要的。这种方式比较简单。力（力矩）控制方式要求装配机器人在工作时，除了需要准确定位外，还要求使用适度的力和力矩进行工作，装配机器人系统中必须有力（力矩）传感器。

图 7-16 为一种 SCARA 型装配机器人外形图，已广泛应用于自动装配领域。这种

机器人的手臂有大臂回转、小臂回转、腕部升降与回转四个自由度，肩关节回转角 θ_1（0°～210°）、肘关节回转角 θ_2（0°～160°）、腕关节回转角 θ_3（0°～180°）、腕部升降位移 Z（30mm），手部中心位置由 θ_1、θ_2、θ_3、Z 的坐标值确定。该装配机器人的手臂在水平方向有像人一样的柔顺性，在垂直插入方向及运动速度和精度方面又具有机器一样的特性。由于各臂在水平方向运动，所以称为水平关节型机器人。这种机器人在水平方向具有顺应性，在插入方向 Z 上有较大的刚性，最适合于装配作业。这种机器人既可防止歪扭倾斜，又可修正装配时的偏心，接合点承担较大装配作用力时能保持足够的稳定性。

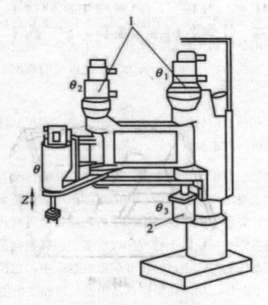

图 7-16　SCARA 型装配机器人外形图

1—PC 伺服电动机；2—姿态控制器（脉冲电机）

二、自动装配线

（一）自动装配线的概念和组合方式

自动装配线是在流水线的基础上逐渐发展起来的机电一体化系统，它综合应用了机械技术、计算机技术、传感技术、驱动技术等技术将多台装配机组合，然后用自动输送系统将装配机相连接而构成。它不仅要求各种加工装置能自动完成各道工序及工艺过程，而且要求在装卸工件、定位夹紧、工件在工序间的输送，甚至包装都能自动进行。

自动装配线的组合方式有刚性的和松散的两种形式。如果将零件或随行夹具由一个输送装置直接从一台装配机送到另一台装配机，那就是刚性组合，但是，应尽可能避免采用刚性组合方式。松散式组合需要进行各输送系统之间的相互连接，输送系统要在各装配机之间有一定的灵活性和适当的缓冲作用。自动装配线应尽可能采用松散式组合。这样，当单台机器发生故障时，可避免整个生产线停工。

（二）自动装配线对输送系统的要求

自动装配线对其输送系统有两个基本要求：①产品或组件在输送中能够保持它的排列状态；②输送系统有一定的缓冲量。

如果装配的零件和组件在输送过程中不能保持规定的排列状态，则必须重新排列。但对于装配组件的重排列，在形式和准确度方面，一般是很难达到的，而且重排列要增加成本，并可能导致工序中出现故障，因此，要尽量避免重排列。如图 7-17 所示，图 7-17（a）中，该部件能以一个工件排列形式被输送，无随行夹具，可保持它的排列状态；在输送中，如果需要工件［图 7-17（b）］保持有次序的位置，那么，就要设计随行夹具。随行夹具在装配操作中没有作用，只是简单地固定工件或部件，使有次序的位置不会丧失。图 7-18 所示为输送一个组件的随行夹具，它适用于图 7-17（b）所示的组件。使用随行夹具时，需要输送系统具有向前和返回的布置。

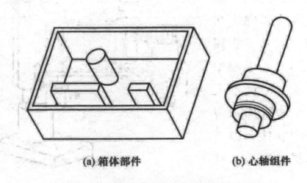

(a) 箱体部件　　　　(b) 心轴组件

图 7-17　有不同输送特点的产品组件例子

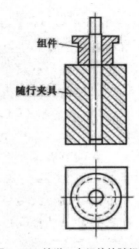

组件

随行夹具

图 7-18　输送一个组件的随行夹具

　　输送系统的设计也要根据循环时间、零件尺寸和需要的缓冲容量来确定。假设循环时间 3 s、缓冲容量 2 min，那么在输送系统内应保持着 40（60×2/3=40）个工件的缓冲量。缓冲容量取决于输送带的长度。假设工件或随行夹具长度为 40 mm，那么输送带长度应为 1 600 mm。

　　对于较大的组件，靠输送机输送带的长度不能达到要求的缓冲容量时，可以使用多层缓冲器。为了增大装配线的利用率，不仅需要在输送带上缓冲载有零件的随行夹具，而且要缓冲返回运动中输送带上的空的随行夹具，这样才能保证在第二台装配机上发生短期故障时，第一台装配机不因缺少空的随行夹具而停止工作。

第八章 自动化制造的控制系统

第一节 机械制造自动化控制系统的分类

一、以自动控制形式分类

（一）计算机开环控制系统

若控制系统的输出对生产过程能行使控制，但控制结果—生产过程的状态没有影响计算机控制的系统，其中计算机、控制器、生产过程等环节没有构成闭合回路，则称之为计算机开环控制系统。若生产过程的状态没有反馈给计算机，而是由操作人员监视生产过程的状态并决定着控制方案，使计算机行使其控制作用，这种控制形式称为计算机开环控制。

（二）计算机闭环控制系统

若计算机对生产对象或生产过程进行控制时，生产过程状态能直接影响计算机控制系统，称之为计算机闭环控制系统。其控制计算机在操作人员监视下，自动接受生产过程的状态检测结果，计算并确定控制方案，直接指挥控制部件（器）的动作，行使控制生产过程作用。在这样的系统中，控制部件按控制机发来的控制信息对运行设备进行控制，另一方面运行设备的运行状态作为输出，由检测部件测出后，作为输入反馈给控制计算机，从而使控制计算机、控制部件、生产过程、检测部件构成一个闭环回路，这种控制形式称为计算机闭环控制。计算机闭环控制系统利用数学模型设置生产过程最佳值与检测结果反馈值之间的偏差，控制生产过程运行在最佳状态。

（三）在线控制系统

只要计算机对受控对象或受控生产过程能够行使直接控制，不需要人工干预，都称之为计算机在线控制或联机控制系统。在线控制系统可以分为在线实时控制和分时方式控制。计算机实时控制系统是指一种在线实时控制系统，对控制对象的全部操作（信息检测和控制信息输出）都是在计算机直接参与下进行的，无须管理人员干预；计算机分时方式控制是指直接数字控制系统是按分时方式进行控制的，按照固定的采样周期对所有的控制回路逐个进行采样，依次计算并形成控制输出，以实现一个计算机对多个控制回路的控制。

（四）离线控制系统

计算机没有直接参与控制对象或受控生产过程，它只完成受控对象或受控过程的状态检测，并对检测的数据进行处理，而后制订出控制方案，输出控制指示，然后操作人员参考控制指示，进行人工手动操作，使控制部件对受控对象或受控过程进行控制，这种控制形式称为计算机离线控制系统。

（五）实时控制系统

计算机实时控制系统是指当受控对象或受控过程在请求处理或请求控制时，其控制机能及时处理并进行控制的系统。实时控制系统通常用在生产过程间断进行的场合，只有进入过程才要求计算机进行控制。计算机一旦进行控制，就要求计算机对来自生产过程的信息在规定的时间内做出反应或控制，这种系统常使用完善的中断系统和中断处理程序来实现。

综上所述，一个在线系统并不一定是实时系统，但一个实时系统必定是一个在线系统。

二、以参与控制方式分类

（一）直接数字控制系统

由控制计算机取代常规的模拟调节仪表而直接对生产过程进行控制的系统，称为直接数字控制（Direct Digital Control，DDC）系统。受控的生产过程的控制部件接受的控制信号可以通过控制机的过程输入／输出通道中的数／模（D/A）转换器，将计算机输出的数字控制量转换成模拟量，输入的模拟量也要经控制机的过程输入／输出通道的模／数（A/D）转换器转换成数字量进入计算机。

DDC 控制系统中常使用小型计算机或微型机的分时系统来实现多个点的控制功能，实际上是属于控制机离散采样，实现离散多点控制。DDC 计算机控制系统已成为当前计算机控制系统中的主要控制形式之一。

DDC 控制的优点是灵活性大、可靠性高和价格便宜，能用数字运算形式对若干个回路甚至数十个回路的生产过程，进行比例－积分－微分（PID）控制，使工业受控对象的状态保持在给定值，偏差小且稳定，而且只要改变控制算法和应用程序便可实现较复杂的控制，如前馈控制和最佳控制等。一般情况下，DDC 控制常作为更复杂的高级控制的执行级。

（二）计算机监督控制系统

计算机监督控制系统（Supervisory Computer Control，SCC）是利用计算机对工业生产过程进行监督管理和控制的计算机控制系统。监督控制是一个二级控制系统，DDC 计算机直接对控制对象和生产过程进行控制，其功能类似 DDC 直接数字控制系统。直接数字控制系统的设定值是事先规定的，但监督控制系统可以通过对外部信息的检测，根据当时的工艺条件和控制状态，按照一定的数学模型和优化准则，在线计算最优设定值，并及时送至下一级 DDC 计算机，实现自适应控制，使控制过程始终处于最优状态。

（三）计算机多级控制系统

计算机多级控制系统是按照企业组织生产的层次和等级配置多台计算机来综合实施信息管理和生产过程控制的数字控制系统。通常，计算机多级控制系统由直接数字控制系统、监督控制系统和管理信息系统三部分组成。

1. 直接数字控制系统（DDC）

直接数字控制系统位于多级控制系统的最末级，其任务是直接控制生产过程，实施多种控制功能，并完成数据采集、报警等功能。直接数字控制系统通常由若干台小型计算机或微型计算机构成。

2. 监督控制系统（SCC）

监督控制系统是多级控制系统的第二级，指挥直接数字控制系统的工作，在有些情况下，监督控制系统也可以兼顾一些直接数字控制系统的工作。

3. 管理信息系统（MIS）

管理信息系统主要进行计划和调度，指挥监督控制系统工作。按照管理范围还可以把管理信息系统分为若干个等级，如车间级、工厂级、公司级等。管理信息系统的工作通常由中型计算机或大型计算机来完成。

多级控制系统的示意图如图 8-1 所示。

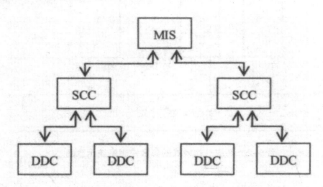

图 8-1　计算机多级控制系统示意图

（四）集散控制系统

在计算机多级控制系统的基础上发展起来的集散控制系统是生产过程中的一种比较完善的控制和管理系统。集散控制系统（Distributed Control Systems，DCS）是由多台计算机分别控制生产过程中多个控制回路，同时又可集中获取数据和集中管理的自动控制系统。

　　集散控制系统采用微处理器分别控制各个回路，而用中小型工业控制计算机或高性能的微处理机实现上一级的控制，各回路之间和上下级之间通过高速数据通道交换信息。集散控制系统具有数据获取、直接数字控制、人机交互以及监督和管理等功能。

　　在集散控制系统中，按地区把微处理机安装在测量装置与执行机构附近，将控制功能尽可能分散，管理功能相对集中。这种集散化的控制方式会提高系统的可靠性，不像在直接数字控制系统中，当计算机出现故障时会使整个系统失去控制那样，在集散控制系统中，当管理级出现故障时，过程控制级仍有独立的控制能力，个别控制回路出现故障也不会影响全局。相对集中的管理方式有利于实现功能标准化的模块化设计，与计算机多级控制相比，集散控制系统在结构上更加灵活，布局更加合理，成本更低。

　　集散控制系统通常可分为两层结构模式、三层结构模式和四层结构模式。图8-2给出了两层结构模式的集散控制系统的结构形式。

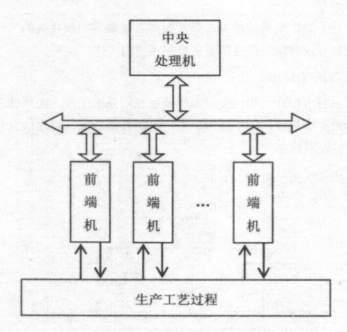

图 8-2　两层结构模式的集散控制系统示意图

　　如上图所示，第一层为前端机，也称下位机、直接控制单元。前端机直接面对控制对象完成实时控制、前端处理功能。第二层称为中央处理机，又称上位机，完成后续处理功能。中央处理机不直接与现场设备打交道，即使中央处理机失效，设备的控制功能依旧能得到保证。在前端计算机和中央处理机间再加一层中间层计算机，便构成了三层结构模式的集散控制系统。四层结构模式的离散控制系统中，第一层为直接控制级，第二层为过程管理机，第三层为生产管理机，第四层为经营管理级。集散控制系统具有硬件组装积木化、软件模块化、组态控制系统、应用先进的通信网络以及具有开放性、可靠性等特点。

三、以调节规律分类

（一）程序控制

如果计算机控制系统是按照预先编制的固定程序进行自动控制，则这种控制称为程序控制。例如，炉温按照一定的时间曲线进行控制就为程序控制。

（二）顺序控制

在程序控制的基础上产生了顺序控制。计算机如能根据随时间推移所确定的对应值和此刻以前的控制结果两方面情况行使对生产过程的控制，则称之为计算机的顺序控制。

（三）比例—积分—微分（PID）控制

常规的模拟调节仪表可以完成 PID 控制，用微型计算机也可以实现 PID 控制。

（四）前馈控制

通常的反馈控制系统中，由干扰造成了一定后果后才能反馈过来产生抑制干扰的控制作用，因而产生控制滞后的不良后果。为了克服这种滞后的不良控制，用计算机接收干扰信号后，在产生后果之前插入一个前馈控制作用，使其刚好在干扰点上完全抵消干扰对控制变量的影响，这种控制称为前馈控制，又称为扰动补偿控制。

（五）最优控制（最佳控制）系统

控制计算机如有使受控对象处于最佳状态运行的控制系统，则称之为最佳控制系统。此时计算机控制系统在现有的限定条件下，恰当选择控制规律（数学模型），使受控对象运行指标处于最优状态，如产量最大、消耗最少、质量合格率最高、废品率最少等。最佳状态是由定出的数学模型确定的，有时是在限定的某几种范围内追求单项最好指标，有时是要求综合性最优指标。

（六）自适应控制系统

上述的最佳控制，当工作条件或限定条件改变时，就不能获得最佳的控制效果了。如果在工作条件改变的情况下，仍然能使控制系统对受控对象进行控制而处于最佳状态，这样的控制系统称为自适应系统。这就要求数学模型体现出在条件改变的情况下，如何达到最佳状态，控制计算机检测到条件改变的信息，按数学模型给出的规律进行计算，用以改变控制变量，使受控对象仍能处在最好状态。

（七）自学习控制系统

如果用计算机能够不断地根据受控对象运行结果积累经验，自行改变和完善控制规律，使控制效果愈来愈好，这样的控制系统称为自学习控制系统。

最优控制、自适应控制和自学习控制都涉及多参数、多变量的复杂控制系统，都属于近代控制理论研究的问题。系统稳定性的判断、多种因素影响控制的复杂数学模型研究等，都必须有生产管理、生产工艺、自动控制、检测仪表、程序设计、计算机硬件各方面人员相互配合才能得以实现。应根据受控对象要求反应时间的长短、控制点数的多少和数学模型的复杂程度来决定所选用的计算机规模，一般来说功能很强（速度与计算功能）的计算机才能实现。

上述诸种控制，既可以是单一的，也可以是几种形式结合的，并对生产过程实现控制。这要针对受控对象的实际情况，在系统分析、系统设计时确定。

第二节　顺序控制系统

一、固定程序的继电器控制系统

一般来说，继电器控制系统的主要特点是：利用继电器接触器的动合触点（用 K 表示）和动断触点的串、并联组合来实现基本的"与""或""非"等逻辑控制功能，如图 8-3 所示。

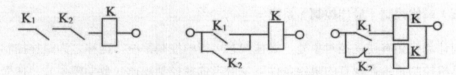

图 8-3　基本的"与""或""非"逻辑控制图

上图所示为"与""或""非"逻辑控制图。由图可见，触点的串联叫作"与"控制，如 K_1 与 K_2 都动作时 K 才能得电；触点的并联叫作"或"控制，如 K_1 或 K_2 有一个动作 K 就得电；而动合触点 K_2 与动断触点 K_1 互为相反状态，叫作"非"控制。

在继电控制系统中，还常常用到时间继电器（例如延时打开、延时闭合、定时工作等），有时还需要其他控制功能，如计数等。这些都可以用时间继电器及其他继电器的"与""或""非"触点组合加以实现。

二、组合式逻辑顺序控制系统

若要克服继电接触器顺序控制系统程序不能变更的缺点，同时使强电控制的电路弱电化，只须将强电换成低压直流电路，在增加一些二极管构成所谓的矩阵电路即可实现。这种矩阵电路的优点在于：一个触点变量可以为多个支路所公用，而且调换二极管在电路中的位置能够方便地重组电路，以适应不同的控制要求。这种控制器一般由输入、输出、矩阵板（组合网络）三部分组成，其结构框图如图 8-4 所示。

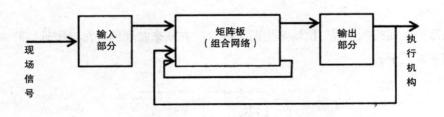

图 8-4　矩阵控制系统结构框图

（一）输入部分

输入部分主要由继电器组成，用来反映现场的信号，例如来自现场的行程开关、按钮、接近开关、光电开关、压力开关以及其他各种检测信号等，并把它们统一转换成矩阵板所能接受的信号送入矩阵板。

（二）输出部分

输出部分主要由输出放大器和输出继电器组成，主要作用是把矩阵送来的电信号变成开关信号，用来控制执行机构。执行机构（如接触器、电磁阀等）是由输出继电器动合触点来控制的。同时，输出继电器的另一对动合触点和动断触点作为控制信号反馈到矩阵板上，以便编程中需要反馈信号时使用。

（三）矩阵板（组合网络）

矩阵板及二极管所组成的组合网络，用来综合信号，对输入信号和反馈信号进行逻辑运算，实现逻辑控制功能。

在继电器控制线路中，将两个触点串联起来去控制一个继电器 K，这种串联控制就是"与"控制。在组合式逻辑顺序控制器矩阵中的"与"控制如图 8-5 所示。

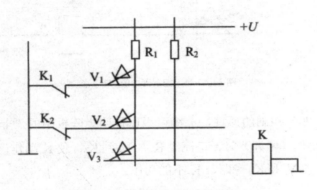

图 8-5　顺序控制器中的"与"控制

以下继电器 K 得电用 z 表示，K_1，K_2 动作分别用由、互表示。由上图可见，只有 K_1 与 K_2 都动作（打开）时，K 才能得电，用逻辑式表示"与"的关系为：

$$z = x_1 x_2$$

继电器控制线路的"或"控制是由两个触点的并联来实现的。在二极管矩阵中的"或"控制如图 8-6 所示。

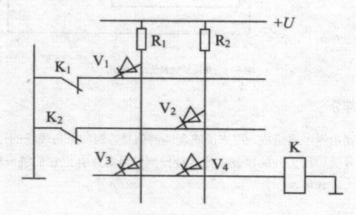

图 8-6　顺序控制器中的"或"控制

当 K_1 打开、K_2 闭合时，K 可由第一条母线（竖线）经二极管 V_3 得电，当 K_2 打开、K_1 闭合时，K 由第二条行母线经二极管 V_4 得电，当 K_1、K_2 都打开时，K 可由两条通路同时得电，其逻辑关系为：

$$z = x_1 + x_2$$

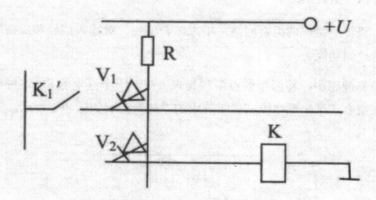

图 8-7　顺序控制器中的"非"控制

同理可分析"非"控制的原理，上图可用以说明矩阵板中的"非"控制，图中 K_1' 是动合触点，K_1' 不动作（断开）时，电流经 R、V_2 到 K，使 K 动作；反之，K_1' 动作（闭合）时，电源电压被 V_1 和 K_1' 旁路，K 不能动作。

上述"与""或""非"的控制组合，可以组成各种控制功能，如"与非""或非""与或非""互锁""计数""记忆"等，从而实现各种控制功能。

一般而言，组合式逻辑顺序控制器，都是以"与""或""非"组合的基本控制单元形式的组合网络为主体，与输入／输出及中间元件、时间元件相配合，按程序完成规定的动作，如电磁阀的启动、电动机的启停等，或控制各动作量，如控制位移、时间及有关参量等。

组合式逻辑顺序控制器的设计，需要首先对控制对象，包括整个生产过程的运行方式、信号的取得、整个过程的动作顺序、与相关设备的联系以及有无特殊要求等，做全面的了解；其次对被采用的控制装置的控制原理、技术性能指标、扩展组合的能力（例如输入、输出功能，时间单元特性、计数功能等）也要有充分的了解，然后在此基础上进行设计。其设计方法主要有两种：一种是根据生产工艺要求，采用一般强电控制即继电接触器控制线路的设计方法，其步骤是先写出逻辑式，然后根据逻辑式画矩阵图；第二种方法是根据工艺流程画出动作顺序流程图，由流程图再编写逻辑代数式，最后画二极管矩阵图。

三、可编程控制器

可编程控制器是针对传统的继电器控制设备所存在的维护困难、编程复杂等缺点而产生的。最初，可编程逻辑控制器（Programmable Logic Controller, PLC）主要用于顺序控制，虽然采用了计算机的设计思想，但实际上只能进行逻辑运算。

随着计算机技术的发展，可编程逻辑控制器的功能不断扩展和完善，其功能远远超出了逻辑控制、顺序控制的范围，具备了模拟量控制、过程控制以及远程通信等强大功能，所以美国电气制造商协会（NEMA）将其正式命名为可编程控制器（Programmable Controller），简称PC。但是为了和个人计算机（Personal Computer）的简称PC相区别，人们常常把可编程控制器仍简称为PLC。

PLC是一种以微处理器为核心的新型控制器，主要用于自动化制造系统底层设备的控制，如加工中心换刀机构、工件运输设备、托盘交换装置等的控制，属设备控制层。

（一）PLC的基本结构

可编程控制器的具体结构各不相同，但其基本结构一般都由中央处理单元、输入／输出单元、电源及其他外部设备构成。

1.中央处理单元

中央处理单元是PLC控制系统的核心，负责指挥、协调整个PLC的工作，它包括微处理器（CPU）和ROM、RAM存储器。

微处理器可以采用通用的8位、16位CPU芯片或单片机，也可采用专用的芯片。它通过总线读取指令和数据，根据指令进行运算及数据处理、输出。

ROM存储器里的内容相当于PLC的操作系统，它包括对PLC的监控、故障检测、系统管理、用户程序翻译、子程序及其调用等多项功能。

RAM存储器包括用户程序存储器及功能存储器，前者用于存储用户程序，后者可作为PLC的内部器件，如输入/输出继电器、内部继电器、移位继电器、数据寄存器、定时器、计数器等。

2.输入/输出单元

输入/输出单元是PLC与控制设备的接口。输入单元负责把由用户设备送来的控制信号通过输入接口电路转换成中央处理单元可以接收的信号。为了提高抗干扰能力，输入单元必须采用光电耦合方式使输入信号与内部电路在电路上隔离，同时还要进行干扰滤波。

输出单元也需要采用光耦元件或继电器进行内外电路的隔离，必要时还要进行功率放大，以便驱动工业控制设备。

在输入/输出端子的配线上，通常是若干个输入/输出端子共用一个公共端子，公共端子之间在电气上绝缘，这称为汇点方式。若输入/输出设备需独立电源或对干扰较敏感，也可采用各回路间相互独立的隔离方式。PLC一般都提供了这两种配线方式。

3.电源

PLC的电源用以将交流电转换成中央处理单元动作所需的低压直流电，它也需要较好的性能及稳定性，以免影响PLC的工作。目前大多采用开关式稳压电源。

4.外部设备

中央处理单元、输入/输出单元和电源是PLC工作必不可少的三部分，除此之外，PLC还配有多种接口，以便进行扩展和连接一些外部设备，如编程器、打印机、磁带机、磁盘驱动器、计算机等。

（二）PLC的主要特点及应用

1.控制程序可变，具有很好的柔性

在控制任务发生变化和控制功能扩展的情况下，不必改变PLC的硬件，只须根据需要重新编程就可适应。PLC的应用范围不断扩大，除了代替硬接线的继电器—接触器控制外，还进入了工业过程控制计算机的应用领域，从自动化单机到自动化制造系统都得到应用，如数控机床、工业机器人、柔性制造单元、柔性制造系统、柔性制造线等。

2.工作可靠性强，适用于工业环境

PLC产品平均无故障时间一般可达5年以上，它经得起振动、噪声、温度、湿度、粉尘、磁场等的干扰，是一种高度可靠的工业产品，可直接应用于工业现场。

3. 功能完善

早期的 PLC 仅具有逻辑控制功能，现代的 PLC 具有数字和模拟量输入和输出、逻辑和算数运算、定时、计数、顺序控制、PID 调节、各种智能模块、远程 I/O 模块、通信、人机对话、自诊断、记录和图形显示等功能。

4. 易于掌握，便于修改

PLC 使用编程器进行编程和监控，使用人员只须掌握工程上通用的梯形图语言（或语词表、流程图）就可进行用户程序的编制和调试，即使不太懂计算机的操作人员也能掌握和使用。

PLC 有完善的自诊断功能，输入 / 输出均有明显的指示，在线监控的软件功能很强，能很快查出故障的原因，并能迅速排除故障。

5. 体积小，省电

与传统的控制系统相比，PLC 的体积很小，一台收录机大小的 PLC 相当于 1.8 m 高的继电器控制柜的功能，PLC 消耗的功率只是传统控制系统的 $1/3 \sim 1/2$。

6. 价格低廉

随着集成电路芯片功能的提高和价格的降低，PLC 的硬件价格也在不断下降，PLC 的软件价格所占的比重在不断提高。但由于使用 PLC 减少了设计、编程和调试费用，总的费用还是低廉的，而且还呈不断下降的趋势。

第三节　计算机数字控制系统

一、CNC 机床数控系统的组成及功能原理

计算机数字控制，简称 CNC (Computer Numerical Control)，主要是指机床控制器，属设备控制层。CNC 是在硬件数控 NC 的基础上发展起来的，它在计算机硬件的支持下，由软件实现数控的部分或全部功能。为了满足不同控制要求，只须改变相应软件，无须改变硬件电路。微型计算机是 CNC 的核心，外围设备接口电路通过总线（BUS）和 CPU 连接。现代 CNC 对外都具有通信接口，如 RS232，先进的 CNC 对外还具有网络接口。CNC 具有较大容量存储器，可存储一个或多个零件数控程序。CNC 相对于硬 NC 具有较高的通用性和柔性、易于实现多功能和复杂程序的控制、工作可靠、维修方便、具有通信接口、便于集成等特点。

CNC 机床数控系统由输入程序、输入 / 输出设备、计算机数字控制装置、可编程控制

器（PLC）、进给伺服驱动装置、主轴伺服驱动装置等所组成，如图 8-8 所示。

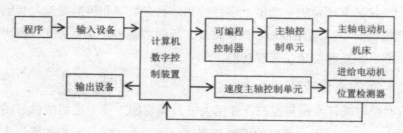

图 8-8　CNC 数控系统组成原理

数控系统的核心是 CNC 装置。CNC 装置采用存储程序的专用计算机，它由硬件和软件两部分组成，软件在硬件环境支持下完成一部分或全部数控功能。

CNC 装置的主要功能如下：①运动轴控制和多轴联动控制功能；②准备功能，即用来设定机床动作方式，包括基本移动、程序暂停、平面选择、坐标设定、刀具补偿、固定循环等；③插补功能，包括直线插补、圆弧插补、抛物线插补等；④辅助功能，即用来规定主轴的启停、转向，冷却润滑的通断、刀库的启停等；⑤补偿功能，包括刀具半径补偿、刀具长度补偿、反向间隙补偿、螺距补偿、温度补偿等。

此外，还有字符图形显示、故障诊断、系统通信、程序编辑等功能。数控系统中的 PLC 主要用于开关量的输入和控制，包括控制面板的输入、机床主轴的停启与换向、刀具的更换、冷却润滑的启停、工件的夹紧与松开、工作台分度等开关量的控制。数控系统的工作过程：首先，从零件程序存储区逐段读出数控程序；其次，对读出的程序段进行译码，将程序段中的数据依据各自的地址送到相应的缓冲区，同时完成对程序段的语法检查；然后进行数据预处理，包括刀具半径补偿、刀具长度补偿、象限及进给方向判断、进给速度换算以及机床辅助功能判断，将预处理数据直接送入工作寄存器，提供给系统进行后续的插补运算；接着进行插补运算，根据数控程序 G 代码提供的插补类型及所在象限、作用平面等进行相应的插补运算，并逐次以增量坐标值或脉冲序列形式输出，使伺服电机以给定速度移动，控制刀具按预定的轨迹加工；接着数控程序中的 M、S、T 等辅助功能代码经过 PLC 逻辑运算后控制机床继电器、电磁阀、主轴控制器等执行元件动作；接着位置检测元件将坐标轴的实际位置和工作速度实时反馈给数控装置或伺服装置，并与机床指令进行比较后对系统的控制量进行修正和调节。

二、CNC 装置硬件结构

CNC 装置的硬件结构一般分为单 CPU 结构、多 CPU 结构及直接采用 PC 微机的系统结构。

（一）单 CPU 结构

在单 CPU 结构中，只有一个 CPU 集中控制、分时处理数控的多个任务。虽然有的 CNC

装置有两个以上的 CPU，但只有一个 CPU 能够控制系统总线，占有总线资源，而其他的 CPU 成为专用的智能部件，不能控制系统总线，不能访问主存储器。

（二）多 CPU 结构

多 CPU 数控装置配置多个 CPU 处理器，通过公用地址与数据总线进行相互连接，每个 CPU 共享系统公用存储器与 I/O 接口，各自完成系统所分配的功能，从而将单 CPU 系统中的集中控制、分时处理作业方式转变为多 CPU 多任务并行处理方式，使整个系统的计算速度和处理能力得到大大提高。下图为一种典型的多 CPU 结构的 CNC 系统框图。

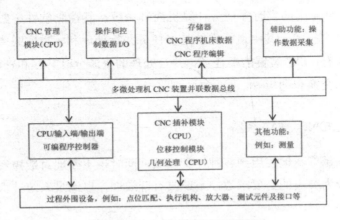

图 8-9 多 CPU 结构 CNC 系统框图

多 CPU 结构的 CNC 装置以系统总线为中心，把各个模块有效地连接在一起，按照系统总体要求交换各种数据和控制信息，实现各种预定的控制功能。

这种结构的基本功能模块可分为以下几类：① CNC 管理模块，用于控制管理的中央处理机。②位置控制模块、PLC 模块及对话式自动编程模块，用于处理不同的控制任务。③存储器模块，用于存储各类控制数据和机床数据。④CNC 插补模块，用于对零件程序进行译码、刀具半径补偿、坐标位移量计算、进给速度处理等插补前的预处理，完成插补计算，为各坐标轴提供精确的给定位置。⑤输入/输出和显示模块，用于工艺数据处理的二进制输入/输出接口、外围设备耦合的串行接口，以及处理结构输出显示。

多 CPU 结构的 CNC 系统具有良好的适应性、扩展性和可靠性，性价比高，因此被众多数控系统所采用。

（三）基于 PC 微机的 CNC 系统结构

基于 PC 微机的 CNC 系统是当前数控系统的一种发展趋势，它得益于 PC 微机的飞速发展和软件控制技术的日益完善。利用 PC 微机丰富的软硬件资源可将许多现代控制技术融入数控系统；借助 PC 微机友好的人机交互界面，可为数控系统增添多媒体功能和网络功能。

三、CNC 数控系统的软件结构

软件的结构取决于装置中软件和硬件的分工，也取决于软件本身的工作性质。CNC 系统软件包括零件程序的管理软件和系统控制软件两大部分。零件程序的管理软件实现屏幕编辑、零件程序的存储及调度管理，以及与外界的信息交换等功能。系统控制软件是一种前后台结构式的软件。前台程序（实时中断服务程序）承担全部实时功能，准备工作及协调处理则在后台程序中完成。后台程序是一个循环运行的程序，在其运行过程中实时中断服务程序不断插入，共同完成零件加工任务。

CNC 系统是一个专用的实时多任务计算机控制系统，其控制软件中融合了当今计算机软件技术的许多先进技术，其中最突出的是多任务并行处理和多重实时中断。多任务并行处理所包含的技术有：CNC 装置的多任务，并行处理的资源分时共享和资源重叠流水处理，并行处理中的信息交换和同步等。

四、开放式 CNC 数控系统

数控系统越来越广泛地应用到各种控制领域，同时也不断地对数控系统软硬件提出了新的要求，其中较为突出的是要求数控系统具有开放性，以满足系统技术的快速发展和用户自主开发的需要。

采用 PC 微机开发开放式数控系统已成为数控系统技术发展的主流，这也是国内外开放式数控系统研究的一个热点。实现基于 PC 微机的开放式数控系统有如下三种途径：

（一）PC 机 + 专用数控模板

PC 机 + 专用数控模板即在 PC 机上嵌入专用数控模板，该模板具有位置控制功能、实时信息采集功能、输入 / 输出接口处理功能和内装式 PLC 单元等。这种结构形式使整个系统可以共享 PC 机的硬件资源，利用其丰富的支撑软件可以直接与网络和 CAD/CAM 系统连接。与传统 CNC 系统相比，它具有软硬件资源的丰富性、透明性和通享性，便于系统的升级换代。然而，这种结构形式的数控系统的开放性只限于 PC 微机部分，其专用的数控部分仍处于封闭状态，只能说是有限的开放。

（二）PC 机 + 运动控制卡

这种基于开放式运动控制卡的系统结构是以通用微机为平台、以 PC 机标准插件形式的开放式运动控制卡为控制核心。通用 PC 机负责如数控程序编辑、人机界面管理、外部通信等功能，运动控制卡负责机床的运动控制和逻辑控制。这种运动控制卡以子程序的方式解释并执行数控程序，以 PLC 子程序完成机床逻辑量的控制；支持用户的二次开发和自主扩展，既具有 PC 微机的开放性，又具有专用数控模块的开放性，可以说具有上、下两级的开放性。这种运动控制卡是以美国 Delta Tau 公司的 PMAC 多轴运动卡（Programmable Multi-Axis Controller）为典型代表，它拥有自身的 CPU，同时开放包括通信端口、存储结构在内的大部分地址空间，具有灵活性好、功能稳定、可共享计算机所有资源等特点。

（三）纯 PC 机型

纯 PC 机型即全软件形式的 PC 机数控系统。这类系统目前正处于探索阶段，还未能形成产品，但它代表了数控系统的发展方向。

第四节　自适应控制系统

一、自适应控制的含义

为了使控制对象参数在大范围内变化时，系统仍能自动地工作于最优或接近于最优的运行状态，就提出了自适应控制问题。

自适应控制可简单地定义为：在系统工作过程中，系统本身能不断地检测系统参数或运行指标，根据参数的变化或运行指标的变化，改变控制参数或控制作用，使系统运行于最优或接近于最优工作状态。

自适应控制与常规反馈控制一样，也是一种基于数学模型的控制方法，所不同的是自适应控制所依据的关于模型和扰动的先验知识比较少，需要在系统的运行过程中不断提取有关模型的信息，使模型逐渐完善。

具体地说，可以依据对象的输入／输出数据，不断地辨识模型的参数，随着生产过程的不断进行，通过在线辨识，模型会变得愈来愈准确，愈来愈接近于实际。既然模型在不断地改进，显然基于这种模型综合出来的控制作用也将随之不断改进，使控制系统具有一定的适应能力。从本质上讲，自适应控制具有"辨识—决策—修改"的功能。①辨识控制对象的结构和参数或性能指标的变化，以便精确地建立控制对象的数学模型，或当前的实际性能指标。②综合出一种控制策略或控制律，确保控制系统达到期望的性能指标。③自动地修正控制器的参数以保证所综合出来的控制策略在控制对象上得到实现。

二、自适应控制的基本内容与分类

自从 20 世纪 50 年代末期由美国麻省理工学院提出第一个自适应控制系统以来，先后出现过许多不同形式的自适应控制系统。到目前为止，比较成熟的自适应控制系统有两大类：模型参考自适应控制和自校正控制。前者由参考模型、实际对象、减法器、调节器和自适应机构组成调节器，力图使实际对象的特性接近于参考模型的特性，减法器形成参考模型和实际对象的状态或者输出之间的偏差，自适应机构根据偏差信号来校正调节器的参数或产生附加控制信号；后者主要由两部分组成，一个是参数估计器，另一个是控制器，参数估计器得到控制器的参数修正值，控制器计算控制动作。

自适应控制系统是一种非线性系统，因此在设计时往往要考虑稳定性、收敛性和鲁棒性三个主要内容。①稳定性。在整个自适应控制过程中，系统中的所有变量都必须一致有界。这里的变量不仅指系统的输入、输出和状态，还包括可调参数和增益等，这样才能保证系统的稳定性。②收敛性。算法的收敛性问题是一个十分重要的问题。对自适应控制来说，如果一种自适应算法被证明是收敛的，那该算法就有实际的应用价值。③鲁棒性。所谓自适应控制系统的鲁棒性，是指存在扰动和不确定性的条件下，系统保持其稳定性和性能的能力。如果能保持稳定性，则称系统具有稳定鲁棒性。显然，一个有效的自适应控制系统必须具有稳定鲁棒性，也应当具有性能鲁棒性。

（一）模型参考自适应控制

所谓模型参考自适应控制，就是在系统中设置一个动态品质优良的参考模型，在系统运行过程中，要求控制对象的动态特性与参考模型的动态特性一致，例如要求状态一致或输出一致。典型的模型参考自适应系统如图 8-10 所示。

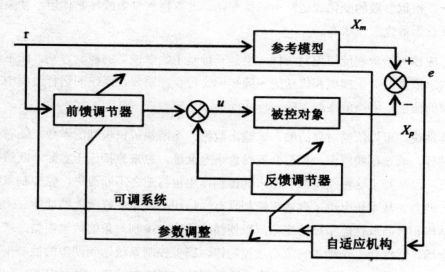

图 8-10　模型参考自适应系统

自适应控制的作用是使控制对象的状态 X_p 与理想的参考模型的状态 X_m 一致。当控制对象的参数变化或受干扰影响时，X_p 与 X_m 可能不一致，通过比较器得到误差向量 e，将 e 输入自适应机构。

自适应机构按照某一自适应规律调整前馈调节器和反馈调节器的参数，改变控制对象

的状态 X_p，使 X_p 与 X_m 相一致，误差 e 趋近于零值，以达到自适应的要求。

在上图中所示的模型参考自适应控制方案中参考模型和控制对象是并联的，因此这种方案称为并联模型参考自适应系统。在这种自适应控制方案中，由于控制对象的性能可能与参考模型的性能进行直接比较，因而自适应速度比较快，也较容易实现。这是一种应用范围较广的方案。

控制对象的参数一般是不能调整的，为了改变控制对象的动态特性，只能调节前馈调节器和反馈调节器的参数。控制对象和前馈调节器、反馈调节器一起组成一个可调整的系统，称之为可调系统。

有时为了方便起见就用可调系统方框来表示控制对象和前馈调节器及反馈调节器的组合。除了并联模型参考自适应控制之外，还有串联模型参考自适应控制和串并联模型参考自适应控制。在自适应控制中一般都采用并联模型参考自适应控制。

以上是按结构形式对模型参考自适应控制系统进行分类，还有其他的分类方法。例如按自适应控制的实现方式（连续性或离散性）来分，可分为：①连续时间模型参考自适应系统；②离散时间模型参考自适应系统；③混合式模型参考自适应系统。

模型参考自适应控制一般适用于确定性连续控制系统。

模型参考自适应控制的设计可用局部参数优化理论、李雅普诺夫稳定性理论和超稳定性理论。

用局部参数优化理论来设计模型参考自适应系统是最早采用的方法，用这种方法设计出来的模型参考自适应系统不一定稳定，还须进一步研究自适应系统的稳定性。

（二）自校正控制

典型的自校正控制方框图如图 8-11 所示，系统受到随机干扰作用。

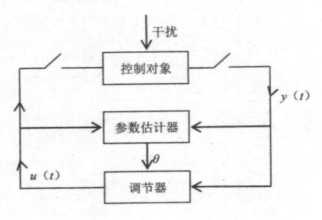

图 8-11　自校正控制方框图

自校正控制的基本思想是将参数递推估计算法与对系统运行指标的要求结合起来，形成一个能自动校正调节器或控制器参数的实时计算机控制系统。

首先读取控制对象的输入 $u(t)$ 和输出 $y(t)$ 的实测数据，用在线递推辨识方法，辨识控制对象的参数向量 θ 和随机干扰的数学模型。

按照辨识求得的参数向量估值和对系统运行指标的要求，随时调整调节器或控制器参数，给出最优控制 $u(t)$，使系统适应于本身参数的变化和环境干扰的变化，处于最优的工作状态。

自校正控制可分为自校正调节器与自校正控制器两大类。

自校正控制的运行指标可以是输出方差最小、最优跟踪或具有希望的极点配置等。因此自校正控制又可分为最小方差自校正控制、广义最小方差自校正控制和极点配置自校正控制等。

设计校正控制的主要问题是用递推辨识算法辨识系统参数，而后根据系统运行指标来确定调节器或控制器的参数。一般情况下自校正控制适用于离散随机控制系统。

参考文献

[1] 周彦，王冬丽. 传感器技术及应用 [M]. 北京：机械工业出版社，2021.

[2] 张志强，刘照. 机械专业综合实验教程 [M]. 武汉：武汉大学出版社，2021.

[3] 陈淑江. 现代机械工程系列精品教材：电器控制与 PLC 3D 版 [M]. 北京：机械工业出版社，2021.

[4] 裴旭明. 普通高等教育机电类系列教材：现代机床数控技术 [M]. 北京：机械工业出版社，2021.

[5] 王晓飞. 普通高等学校测控技术与仪器专业规划教材：传感器原理及检测技术 [M].3 版. 武汉：华中科学技术大学出版社，2021.

[6] 谢敏，钱丹浩. 智能制造领域高素质技术技能人才培养系列教材：工业机器人技术基础 [M]. 北京：机械工业出版社，2021.

[7] 王燕，蔡吉飞. 传感器与测试技术 [M]. 北京：文化发展出版社，2021.

[8] 胡庆夕，赵耀华. 电子工程与自动化实践教程 [M]. 北京：机械工业出版社，2020.

[9] 姜增如. 自动控制理论虚拟仿真与实验设计 [M]. 北京：北京理工大学出版社，2020.

[10] 王隆太. 先进制造技术 [M]. 北京：机械工业出版社，2020.

[11] 吴宗泽，高志. 机械设计实用手册 [M]. 北京：化学工业出版社，2020.

[12] 邬明禄，赵明. 机械加工实训教程 [M]. 北京：北京理工大学出版社，2020.

[13] 杨晓京. 现代控制工程 [M]. 北京：科学出版社，2020.

[14] 冯砚博. 现代制造技术与食品加工装备 [M]. 哈尔滨：哈尔滨工业大学出版社，2020.

[15] 沈艳，孙锐. 控制工程基础 [M]. 北京：清华大学出版社，2020.

[16] 郑海明，贾桂红. 机电系统工程学 [M]. 武汉：华中科学技术大学出版社，2020.

[17] 董贵荣，王虎挺. 先进制造技术 [M]. 西安：西北工业大学出版社，2020.

[18] 黄小兵，张勇. 普通高等教育机械类课程规划教材：机械工程专业实验指导书 [M].

北京：北京理工大学出版社，2019.

[19] 朱凤霞．机械制造工艺学 [M]．武汉：华中科技大学出版社，2019.

[20] 蔡安江．机械制造技术基础 [M]．武汉：华中科技大学出版社，2019.

[21] 吉庆昌．现代传感器技术及实际工程应用 [M]．长春：吉林大学出版社，2019.

[22] 简正豪，姜毅．机械工程训练 [M]．北京：北京理工大学出版社，2019.

[23] 刘龙江．机电一体化技术 [M].3 版．北京：北京理工大学出版社，2019.

[24] 王永华．现代电气控制及 PLC 应用技术 [M].5 版．北京：北京航空航天大学出版社，2019.

[25] 郁汉琪．电气控制与可编程序控制器应用技术 [M]．南京：东南大学出版社，2019.

[26] 彭熙伟．流体传动与控制基础 [M]．北京：机械工业出版社，2019.

[27] 杨建成．三维织机装备与织造技术 [M]．北京：中国纺织出版社，2019.

[28] 银金光，江湘颜．机械设计基础 [M]．北京：冶金工业出版社，2018.

[29] 任乃飞，任旭东．机械制造技术基础 [M]．镇江：江苏大学出版社，2018.

[30] 张宪民，陈忠．机械工程概论 [M]．武汉：华中科技大学出版社，2018.

[31] 李曦，陈吉红．国产数控系统应用技术丛书：国产数控机床与系统选型匹配手册 [M]．武汉：华中科技大学出版社，2018.

[32] 李克骄．逆向建模技术实用教程 [M]．天津：天津科学技术出版社，2018.

[33] 石文天，刘玉德．先进制造技术 [M]．北京：机械工业出版社，2018.

[34] 李新卫，王益军．电气控制与 PLC 项目式教程 [M]．北京：北京理工大学出版社，2018.

[35] 袁兴惠．电气工程及自动化技术 [M]．北京：中国水利水电出版社，2018.